崧燁文化

曹永忠、許智誠、蔡英德　著

工業基本控制程式設計(RS485串列埠篇)

An Introduction to Using RS485 to Control the
Relay Device based on Internet of Thing
(Industry 4.0 Series)

U0078474

自序

　　工業 4.0 系列的書是我出版至今五年多，第一本進入工業控制領域的電子書，
當初出版電子書是希望能夠在教育界開一些 Maker 自造者相關的課程，沒想到一
寫就已過五年多，繁簡體加起來的出版數也已也破百本的量，這些書都是我學習當
一個 Maker 累積下來的成果。

　　這本書可以說是我開始將產業技術揭露給學子一個開始點，其實筆者從大學畢
業後投入研發、系統開發的職涯，工作上就有涉略工業控制領域，只是並非專注在
工業控制領域，但是工業控制一直是一個非常實際、又很 Fancy 的一個研發園地，
因為這個領域所需要的專業知識是多方面且跨領域，不但軟體需要精通，硬體也是
需要有相當的專業能力，還需要熟悉許多工業上的標準與規範，這樣的複雜，讓工
業控制領域的人才非常專業分工，而且許多人數十年的專業都專精於固定的專門
領域，這樣的現象，讓整個工業控制在數十年間發展的非常快速，而且深入的技術
都建立在許多先進努力基礎上，這更是工業控制的強大魅力所在。

　　筆者鑒於這樣的困境，思考著『如何讓更多領域的學習者進入工業控制的園地』
的思維，便拋磚引玉起個頭，開始野人獻曝攆寫工業 4.0 系列的書，主要的目的不
是與工業控制的先進們較勁，而是身為教育的園丁，希望藉著筆者小小努力，任更
多有心的新血可以加入工業 4.0 的時代。

　　本系列的書籍，鑑於筆者有限的知識，一步一步慢慢將我的一些思維與經驗，
透過現有產品的使用範例，結合筆者物聯網的經驗與思維，再透過簡單易學的
Arduino 單晶片/Ameba 8195 AM 等相關開發版與 C 語言，透過一些簡單的例子，進
而揭露工業控制一些簡單的思維、開發技巧與實作技術。如此一來，學子們有機會

進入『工業控制』，在未來『工業 4.0』時代來臨，學子們有機會一同與新時代並進，進而更踏實的進行學習。

最後，請大家能一同分享『工業控制』、『物聯網、『系統開發』等獨有的經驗，一起創造世界。

曹永忠　於貓咪樂園

自序

記得自己在大學資訊工程系修習電子電路實驗的時候，自己對於設計與製作電路板是一點興趣也沒有，然後又沒有天分，所以那是苦不堪言的一堂課，還好當年有我同組的好同學，努力的照顧我，命令我做這做那，我不會的他就自己做，如此讓我解決了資訊工程學系課程中，我最不擅長的課。

當時資訊工程學系對於設計電子電路課程，大多數都是專攻軟體的學生去修習時，系上的用意應該是要大家軟硬兼修，尤其是在台灣這個大部分是硬體為主的產業環境，但是對於一個軟體設計，但是缺乏硬體專業訓練，或是對於眾多機械機構與機電整合原理不太有概念的人，在理解現代的許多機電整合設計時，學習上都會有很多的困擾與障礙，因為專精於軟體設計的人，不一定能很容易就懂機電控制設計與機電整合。懂得機電控制的人，也不一定知道軟體該如何運作，不同的機電控制或是軟體開發常常都會有不同的解決方法。

除非您很有各方面的天賦，或是在學校巧遇名師教導，否則通常不太容易能在機電控制與機電整合這方面自我學習，進而成為專業人員。

而自從有了 Arduino 這個平台後，上述的困擾就大部分迎刃而解了，因為 Arduino 這個平台讓你可以以不變應萬變，用一致性的平台，來做很多機電控制、機電整合學習，進而將軟體開發整合到機構設計之中，在這個機械、電子、電機、資訊、工程等整合領域，不失為一個很大的福音，尤其在創意掛帥的年代，能夠自己創新想法，從 Original Idea 到產品開發與整合能夠自己獨立完整設計出來，自己就能夠更容易完全了解與掌握核心技術與產業技術，整個開發過程必定可以提供思維上與實務上更多的收穫。

Arduino 平台引進台灣自今，雖然越來越多的書籍出版，但是從設計、開發、製作出一個完整產品並解析產品設計思維，這樣產品開發的書籍仍然鮮見，尤其是能夠從頭到尾，利用範例與理論解釋並重，完完整整的解說如何用 Arduino 設計出一個完整產品，介紹開發過程中，機電控制與軟體整合相關技術與範例，如此的書籍更是付之闕如。永忠、英德兄與敝人計畫撰寫 Maker 系列，就是基於這樣對市場需要的觀察，開發出這樣的書籍。

　　作者出版了許多的 Arduino 系列的書籍，深深覺的，基礎乃是最根本的實力，所以回到最基礎的地方，希望透過最基本的程式設計教學，來提供眾多的 Makers 在入門 Arduino 時，如何開始，如何攥寫自己的程式，進而介紹不同的週邊模組，主要的目的是希望學子可以學到如何使用這些週邊模組來設計程式，期望在未來產品開發時，可以更得心應手的使用這些週邊模組與感測器，更快將自己的想法實現，希望讀者可以了解與學習到作者寫書的初衷。

許智誠　　於中壢雙連坡中央大學 管理學院

自序

隨著資通技術(ICT)的進步與普及,取得資料不僅方便快速,傳播資訊的管道也多樣化與便利。然而,在網路搜尋到的資料卻越來越巨量,如何將在眾多的資料之中篩選出正確的資訊,進而萃取出您要的知識?如何獲得同時具廣度與深度的知識?如何一次就獲得最正確的知識?相信這些都是大家共同思考的問題。

為了解決這些困惱大家的問題,永忠、智誠兄與敝人計畫製作一系列「Maker系列」書籍來傳遞兼具廣度與深度的軟體開發知識,希望讀者能利用這些書籍迅速掌握正確知識。首先規劃「以一個 Maker 的觀點,找尋所有可用資源並整合相關技術,透過創意與逆向工程的技法進行設計與開發」的系列書籍,運用現有的產品或零件,透過駭入產品的逆向工程的手法,拆解後並重製其控制核心,並使用 Arduino 相關技術進行產品設計與開發等過程,讓電子、機械、電機、控制、軟體、工程進行跨領域的整合。

近年來 Arduino 異軍突起,在許多大學,甚至高中職、國中,甚至許多出社會的工程達人,都以 Arduino 為單晶片控制裝置,整合許多感測器、馬達、動力機構、手機、平板...等,開發出許多具創意的互動產品與數位藝術。由於 Arduino 的簡單、易用、價格合理、資源眾多,許多大專院校及社團都推出相關課程與研習機會來學習與推廣。

以往介紹 ICT 技術的書籍大部份以理論開始、為了深化開發與專業技術,往往忘記這些產品產品開發背後所需要的背景、動機、需求、環境因素等,讓讀者在學習之間,不容易了解當初開發這些產品的原始創意與想法,基於這樣的原因,一般人學起來特別感到吃力與迷惘。

本書為了讀者能夠深入了解產品開發的背景,本系列整合 Maker 自造者的觀念與創意發想,深入產品技術核心,進而開發產品,只要讀者跟著本書一步一步研習與實作,在完成之際,回頭思考,就很容易了解開發產品的整體思維。透過這樣的思路,讀者就可以輕易地轉移學習經驗至其他相關的產品實作上。

所以本書是能夠自修的書，讀完後不僅能依據書本的實作說明準備材料來製作，盡情享受 DIY(Do It Yourself)的樂趣，還能了解其原理並推展至其他應用。有興趣的讀者可再利用書後的參考文獻繼續研讀相關資料。

本書的發行有新的創舉，就是以電子書型式發行，在國家圖書館(http://www.ncl.edu.tw/)、國立公共資訊圖書館 National Library of Public Information(http://www.nlpi.edu.tw/)、台灣雲端圖庫(http://www.ebookservice.tw/)等都可以免費借閱與閱讀，如要購買的讀者也可以到許多電子書網路商城、Google Books 與 Google Play 都可以購買之後下載與閱讀。希望讀者能珍惜機會閱讀及學習，繼續將知識與資訊傳播出去，讓有興趣的眾人都受益。希望這個拋磚引玉的舉動能讓更多人響應與跟進，一起共襄盛舉。

本書可能還有不盡完美之處，非常歡迎您的指教與建議。近期還將推出其他 Arduino 相關應用與實作的書籍，敬請期待。

最後，請您立刻行動翻書閱讀。

蔡英德 於台中沙鹿靜宜大學主顧樓

目 錄

工業 4.0 系列

　　本書是『工業 4.0 系列』的第一本書，書名為『工業基本控制程式設計(RS485 串列埠篇)』，主要是運用 RS 485 與 Modbus RTU 的通訊協定，透過簡單易學的單晶片開發板與開發語言，透過一些簡單的例子，進而揭露工業控制一些簡單的思維、開發技巧與實作技術，並結合網際網路與物聯網技術，進入工業控制領域，將產業控制的專業技術，帶到物聯網與智慧生活之中。

　　工業控制領域所需要的專業知識是多方面且跨領域，不但軟體需要精通，硬體也是需要有相當的專業能力，還需要熟悉許多工業上的標準與規範，這樣的複雜，讓工業控制領域的人才非常專業分工，而且許多人數十年的專業都專精於固定的專門領域，這樣的現象，讓整個工業控制在數十年間發展的非常快速，而且深入的技術都建立在許多先進努力基礎上，這更是工業控制的強大魅力所在。

　　筆著希望透過簡單易學的 Arduino 單晶片/Ameba 8195 AM 等相關開發版與 C 語言，將工業控制的專業技術帶入大眾智慧生活中，並整合物聯網技術、人工智慧、大數據、雲端技術等，進入智慧物聯網的領域，並希望有機會與工業 4.0 的產業技術互相連接，或許讓不專業的筆者做專業的事，有機會創造出另一種未來的技術火花。

1

CHAPTER

Ameba RTL 8195 AM 開發板

Ameba RTL 8195 AM 開發板是一塊 IOT Wi-Fi 微型化模組(RTL8711AF and RTL8195AM)，如下圖所示，內建 ARM Cortex-M3 CPU、記憶體，同時還配置了完整的無線網路協議，包含 SSL 硬體加速電路以及 UART、 I2C、 SPI、PWM 、高速的 SDIO 接口等各式序列介面(曹永忠, 許智誠, & 蔡英德, 2015a, 2015b)。

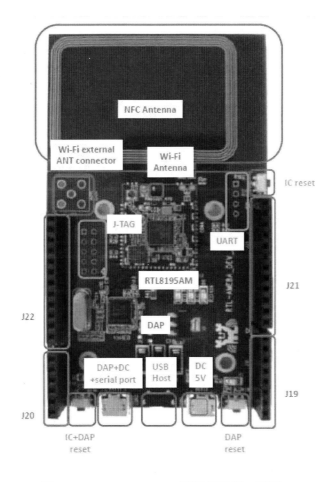

圖 1 Ameba RTL 8195 AM 開發板模組一覽圖

Ameba RTL 8195 AM 開發板使用 RTL8195AM 為開發板核心晶片，功能強大，其下為晶片的基本規格：

Ameba RTL 8195 AM開發板核心晶片RTL8195AM規格

- 32-bit 166MHz ARM Cortex-M3 CPU

- 內建 低功耗802.11 b/g/n 2.4G 無線 Wi-Fi

- 內建 NFC

- 介面支援：GPIO / PWM / SPI / I2C / ADC / DAC / UART

- Crypto HW engine：可做硬體加解密, 支援 MD5/ SHA-1 / SHA2-256 / DES / 3DES / AES

- IC 本身有 512K RAM, 另外模組有包 2M SDRAM / 16M bit flash

Wifi 功能

Ameba RTL 8195 AM 開發板具有強大的功能，並內含 WIFI 上網的功能，功能十分強大，其下為開發板的基本規格：

Ameba RTL 8195 AM開發板規格

- 與 Arduino UNO 開發版 相容, 可支援大多數 Arduino 擴充板(Shield), 如 DfRobot 的 LCD Keypad shield…等等

- 含一個 NXP LPC11U35 cortex-M0 IC, 具備下列功能

- 不須使用 JLINK 可直接透過 USB 傳入 程式 image 檔。

- 不須使用 USB 序列傳輸線，UART 即可使用將訊息傳給開發用的電腦

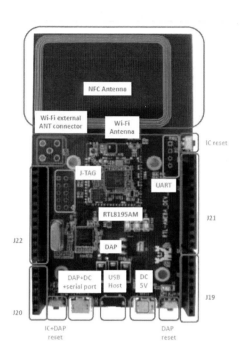

圖 2 Ameba RTL 8195 AM開發板模組一覽圖

在許多無線網路的地方，由於安全性、保密性的因素，會採用權限管理，而最簡單、有效的方式，就是使用網路裝置的 MAC Address，一般稱稱為『MAC』。

每一個網路介面卡都有一個獨一無二的識別碼，這個識別碼是由六組 16 進位數字組成的物理位置(Physical Address)，也稱為 MAC(Media Access Control)Address。這個位址分為兩個部分，前三組數字為 Manufacture ID，就是廠商 ID；後三組數字為 Card ID，就是網路卡的卡號，透過這兩組 ID，我們可以在實體上區分每一張網路卡，理論上，全世界沒有兩張卡的 MAC Address 是相同的。

基於這個物理位址，就可以在網路上區分每一個裝置（電腦或網路產品），將資料傳輸到正確的位址而不會搞混。MAC Address 是 12 碼的 16 進位數字，每兩個數字中間有「-」或「:」間隔，例如：00-F1-EE-50-DC-92。

取得網路 MAC 資料

　　所以第一步，我們就是要教讀者如何取得 MAC 資料，我們將 Ameba RTL 8195
AM 開發板的驅動程式安裝好之後，我們打開 Ameba RTL 8195 AM 開發板的開發工
具：Sketch IDE 整合開發軟體，攥寫一段程式，如下表所示之取得 MAC 資料測試
程式，我們就可以透過 Ameba RTL 8195 AM 開發板 Wifi 模組取得 MAC 資料(曹永
忠, 2016a, 2016b, 2016c, 2016d, 2016e; 曹永忠, 吳佳駿, 許智誠, & 蔡英德, 2016a,
2016b, 2017a, 2017b)。

表 1 取得 MAC 資料測試程式

取得 MAC 資料測試程式(CheckMac)
| ```
#include <WiFi.h>
uint8_t MacData[6];

String MacAddress ;

void setup() {
  MacAddress = GetWifiMac() ;
    ShowMac() ;

}

void loop() { // run over and over

}

void ShowMac()
{

      Serial.print("MAC:");
      Serial.print(MacAddress);
      Serial.print("\n");
``` |
```

```
}



String GetWifiMac()
{
    String tt ;
     String t1,t2,t3,t4,t5,t6 ;
     WiFi.status();      //this method must be used for get MAC
    WiFi.macAddress(MacData);

    Serial.print("Mac:");
     Serial.print(MacData[0],HEX) ;
     Serial.print("/");
     Serial.print(MacData[1],HEX) ;
     Serial.print("/");
     Serial.print(MacData[2],HEX) ;
     Serial.print("/");
     Serial.print(MacData[3],HEX) ;
     Serial.print("/");
     Serial.print(MacData[4],HEX) ;
     Serial.print("/");
     Serial.print(MacData[5],HEX) ;
     Serial.print("~");

     t1 = print2HEX((int)MacData[0]);
     t2 = print2HEX((int)MacData[1]);
     t3 = print2HEX((int)MacData[2]);
     t4 = print2HEX((int)MacData[3]);
     t5 = print2HEX((int)MacData[4]);
     t6 = print2HEX((int)MacData[5]);
   tt = (t1+t2+t3+t4+t5+t6) ;
Serial.print(tt);
Serial.print("\n");

   return tt ;
}
```

```
String    print2HEX(int number) {
  String ttt ;
  if (number >= 0 && number < 16)
  {
     ttt = String("0") + String(number,HEX);
  }
  else
  {
     ttt = String(number,HEX);
  }
  return ttt ;
}
```

程式碼：https://github.com/brucetsao/Industry4_Relay/tree/master/Codes

如下圖所示，讀者可以看到本次實驗-取得 MAC 資料測試程式結

果畫面。

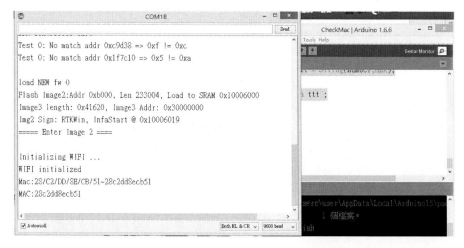

圖 3 取得 MAC 資料測試程式結果畫面

透過 WIFI 模組登連接無線基地台

由上節的程式，我們可以輕易取得MAC資料，下一步我們就要告訴讀者如何連到無線基地台(Access Point)。

我們打開Ameba RTL 8195 AM開發板的開發工具：Sketch IDE整合開發軟體，攢寫一段程式，如下表所示之連接無線基地台測試程式，我們就可以透過Ameba RTL 8195 AM開發板 Wifi模組連到無線基地台(Access Point)(曹永忠, 2016a, 2016d)。

表 2 連接無線基地台測試程式

連接無線基地台測試程式(CheckAP)
| ```
#include <WiFi.h>
uint8_t MacData[6];
char ssid[] = "IOT";            // your network SSID (name)
char pass[] = "iot12345";        // your network password


IPAddress    Meip ,Megateway ,Mesubnet ;
String MacAddress ;
int status = WL_IDLE_STATUS;


void setup() {
   MacAddress = GetWifiMac() ;
     ShowMac() ;
          initializeWiFi();
          printWifiData() ;
}

void loop() { // run over and over
``` |
```

```
}

void ShowMac()
{

    Serial.print("MAC:");
    Serial.print(MacAddress);
    Serial.print("\n");


}




String GetWifiMac()
{
    String tt ;
     String t1,t2,t3,t4,t5,t6 ;
     WiFi.status();        //this method must be used for get MAC
   WiFi.macAddress(MacData);

   Serial.print("Mac:");
   Serial.print(MacData[0],HEX) ;
   Serial.print("/");
   Serial.print(MacData[1],HEX) ;
   Serial.print("/");
   Serial.print(MacData[2],HEX) ;
   Serial.print("/");
   Serial.print(MacData[3],HEX) ;
   Serial.print("/");
   Serial.print(MacData[4],HEX) ;
   Serial.print("/");
   Serial.print(MacData[5],HEX) ;
   Serial.print("~");

   t1 = print2HEX((int)MacData[0]);
   t2 = print2HEX((int)MacData[1]);
```

```
      t3 = print2HEX((int)MacData[2]);
      t4 = print2HEX((int)MacData[3]);
      t5 = print2HEX((int)MacData[4]);
      t6 = print2HEX((int)MacData[5]);
   tt = (t1+t2+t3+t4+t5+t6) ;
Serial.print(tt);
Serial.print("\n");


   return tt ;
}
String    print2HEX(int number) {
   String ttt ;
   if (number >= 0 && number < 16)
   {
      ttt = String("0") + String(number,HEX);
   }
   else
   {
       ttt = String(number,HEX);
   }
   return ttt ;
}




void printWifiData()
{
   // print your WiFi shield's IP address:
   Meip = WiFi.localIP();
   Serial.print("IP Address: ");
   Serial.println(Meip);
   Serial.print("\n");

   // print your MAC address:
   byte mac[6];
   WiFi.macAddress(mac);
```

```
Serial.print("MAC address: ");
Serial.print(mac[5], HEX);
Serial.print(":");
Serial.print(mac[4], HEX);
Serial.print(":");
Serial.print(mac[3], HEX);
Serial.print(":");
Serial.print(mac[2], HEX);
Serial.print(":");
Serial.print(mac[1], HEX);
Serial.print(":");
Serial.println(mac[0], HEX);

// print your subnet mask:
Mesubnet = WiFi.subnetMask();
Serial.print("NetMask: ");
Serial.println(Mesubnet);

// print your gateway address:
Megateway = WiFi.gatewayIP();
Serial.print("Gateway: ");
Serial.println(Megateway);
}

void ShowInternetStatus()
{

        if (WiFi.status())
          {
                Meip = WiFi.localIP();
                Serial.print("Get IP is:");
                Serial.print(Meip);
                Serial.print("\n");

          }
        else
          {
                Serial.print("DisConnected:");
```

```
                    Serial.print("\n");
            }

    }

    void initializeWiFi() {
        while (status != WL_CONNECTED) {
            Serial.print("Attempting to connect to SSID: ");
            Serial.println(ssid);
            // Connect to WPA/WPA2 network. Change this line if using open or WEP
network:
            status = WiFi.begin(ssid, pass);
    //      status = WiFi.begin(ssid);

            // wait 10 seconds for connection:
            delay(10000);
        }
        Serial.print("\n Success to connect AP:") ;
        Serial.print(ssid) ;
        Serial.print("\n") ;

    }
```

程式碼:https://github.com/brucetsao/Industry4_Relay/tree/master/Codes

如下圖所示,讀者可以看到本次實驗-連接無線基地台測試程式結果畫面,可
以成功連上無線基地台(Access Point),並透過 DHCP 伺服器取得網路位址,並可以
顯示閘道器,網路遮罩等資訊。

圖 4 連接無線基地台測試程式結果畫面

章節小結

　　本章主要介紹之 Ameba 8195AM 開發板，與最基本的取得 MAC 的程式與連上 Wifi 熱點的基本程式，其他更深入用法，請參閱『Ameba 程式設計(物聯網基礎篇):An Introduction to Internet of Thing by Using Ameba RTL8195AM』一書 (曹永忠, 吳佳駿, et al., 2017a, 2017b)、『Ameba 程式設計(基礎篇):Ameba RTL8195AM IOT Programming (Basic Concept & Tricks)』一書(曹永忠 et al., 2016a, 2016b)、『Arduino 程式設計教學(技巧篇):Arduino Programming (Writing Style & Skills)』一書(曹永忠, 吳佳駿, 許智誠, & 蔡英德, 2017c; 曹永忠, 郭晉魁, 吳佳駿, 許智誠, & 蔡英德, 2017)，相信讀者會更有收穫。

2
CHAPTER

Modbus RTU 繼電器模組

　　本章我們使用目前當紅的 Ameba RTL 8195 開發板，結合 RS485 通訊模組，使用工業上 RS232/RS422/RS485/MODBUS RTU 等工業通訊方式，連接產業界常用的裝置或機器，進行通訊，進而控制這些裝置進行動作。

　　產業界最常見的裝置如 Modbus RTU 繼電器模組，因為產業界用來控制電氣電路的地方很多，然而這些控制電氣電路都是電壓(100V~250V，甚至更高電壓)，所以不太可能直接使用開發板驅動電路來控制電氣電路，而這些電器電路大多數是控制電力的供應與否，所以常用到繼電器模組來控制電力開啟與關閉，而 RS485 通訊是產業界常用的通訊協定，其中以 Modbus RTU 更是架構在 RS485 通訊上的企業級通訊，所以筆者使用 Modbus RTU 繼電器模組

　　四組繼電器模組

　　在工業上應用，控制電力供應與否是整個工廠上非常普遍且基礎的應用，然而工業上的電力基本上都是 110V、220V 等，甚至還有更高的伏特數，電流已都以數安培到數十安培，對於這樣高電壓與高電流，許多以微處理機為主的開發板，不要說能夠控制它，這樣的電壓與電流，連碰它一下就馬上燒毀，所以工業上經常使用繼電器模組來控制電路，然而這些控制，也常常與 PLC、工業電腦等通訊，接受這些工控電腦允許後，方能給予電力，所以具備通訊功能的繼電器模組為應用上的主流。如下圖所示，我們使用 Modbus RTU 繼電器模組(曹永忠, 2017)，這個模組是濟南因諾科技（網址：https://smart-control.world.taobao.com/?spm=a312a.7700824.0.0.54f17147QC34S8)生產的產品(網址：https://item.taobao.com/item.htm?spm=a312a.7700824.w4002-1053557900.28.4ac917c6IhI-JFP&id=43628327826)，其規格如下：

- 供電電壓預設 9-24VDC。
- 4 路繼電器接點相互獨立，每路繼電器接點容量為 250VAC/10A,30VDC/10A，並以光耦元件進行電氣隔離。
- 使用 RS.485 串列埠雙線控制，通訊距離實測大於 1000 米以上。
- 支持工業上 Modbus RTU 和自定義協議，預設為 Modbus RTU 協議。
- 內建 8 位撥碼開關(Dip 8 Switch)，可支援 256 個地址切換控制。
- 採用工業級單晶片處理機，可穩定長時間使用。
- 通訊速度：9600bps。
- 尺寸：115*90*40mm（長*寬*高）

圖 5 Modbus RTU 繼電器模組

如果讀者要同時使用多組 Modbus RTU 繼電器模組，請參考下圖所示之多組串聯圖來進行多組組立，目前雖然 RS 485 可以支援 253 組位址，但是實際上因為電力供應與訊號等限制，實際上限制在 32 組裝置。

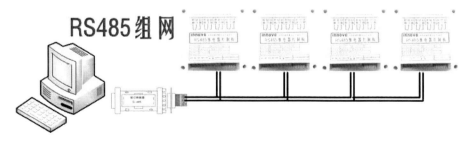

圖 6 多組使用 Modbus RTU 繼電器模組

如果讀者要同時使用多組 Modbus RTU 繼電器模組，請將每一組 Modbus RTU 繼電器模組，參考下圖.(b) 通訊位址設定之 DIP SWITCH 圖，將每一組位址設定不同，否則通訊無法正常使用。

　　此外參考下圖.(a) 電路接腳圖，來安裝 RS 485 的通訊線，與 Modbus RTU 繼電器模組的電源供應線，請注意正負電源線不可以接反，否則會有燒毀的可能性，此外電壓也必須在 9-24VDC 之間，太高也會有燒毀的可能性，太低則不會運作。

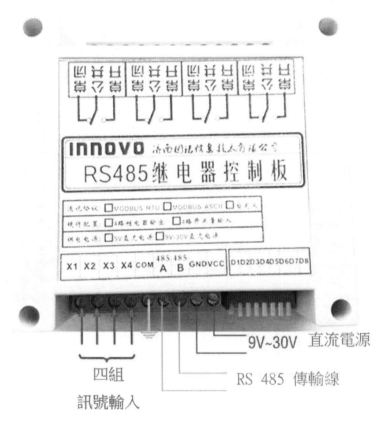

(a).電路接腳圖

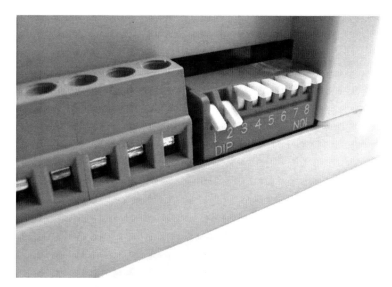

(b).通訊位址設定之 DIP SWITCH 圖

(c).上視圖

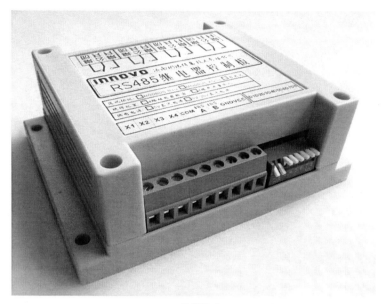

(d).側視圖

圖 7 Modbus RTU 繼電器模組電路與位址設定圖

Modbus RTU 繼電器模組電路控制端

如下圖所示，我們看 Modbus RTU 繼電器模組之繼電器一端，由下圖可知，共有四組繼電器。

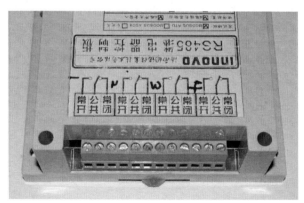

圖 8 Modbus RTU 繼電器模組之電力控制端(繼電器)

如下圖所示，筆者將上圖轉為下圖，可以知道每一組繼電器可以使用的腳位，每一個繼電器有三個腳位，中間稱為共用端(Com)，右邊為常閉端(NC)，就是如果沒有任何電力供應，或繼電器之電磁鐵未通電，則共用端(Com)與常閉端(NC)為一直為通路(可導電)；左邊為常開端(NO)，就是將電力供應到繼電器之後，其電磁鐵因通電而吸合，則共用端(Com)與常開端(NO)為可通路狀態(可導電)，這是由於我們使用控制電路將其電磁鐵因通電而吸合，導致可以形成通路，常用這個通路為控制電器開啟之開關。

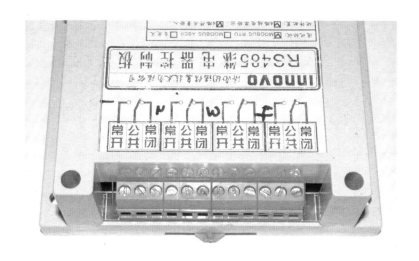

圖 9 Modbus RTU 繼電器模組之四組繼電器

電磁繼電器的工作原理和特性

電磁式繼電器一般由鐵芯、線圈、銜鐵、觸點簧片等組成的。如下圖.(a)所示，只要在線圈兩端加上一定的電壓，線圈中就會流過一定的電流，從而產生電磁效應，銜鐵就會在電磁力吸引的作用下克服返回彈簧的拉力吸向鐵芯，從而帶動銜鐵的動觸點與靜觸點（常開觸點）吸合(下圖.(b)所示)。當線圈斷電後，電磁的吸力也隨之消失，銜鐵就會在彈簧的反作用力下返回原來的位置，使動觸點與原來的靜觸點

（常閉觸點）吸合(如下圖.(a)所示)。這樣吸合、釋放,從而達到了在電路中的導通、切斷的目的。對於繼電器的「常開、常閉」觸點,可以這樣來區分:繼電器線圈未通電時處於斷開狀態的靜觸點,稱為「常開觸點」(如下圖.(a)所示)。;處於接通狀態的靜觸點稱為「常閉觸點」(如下圖.(a)所示)(曹永忠, 2017; 曹永忠, 許智誠, & 蔡英德, 2014a, 2014b, 2014c, 2014d)。

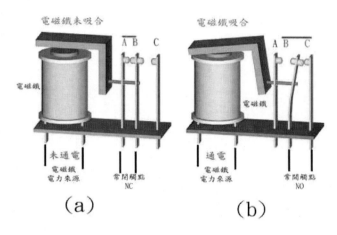

圖 10 電磁鐵動作

資料來源:(維基百科-繼電器, 2013)

由上圖電磁鐵動作之中,可以了解到,繼電器中的電磁鐵因為電力的輸入,產生電磁力,而將可動電樞吸引,而可動電樞在 NC 接典與Ｎ Ｏ接點兩邊擇一閉合。由下圖.(a)所示,因電磁線圈沒有通電,所以沒有產生磁力,所以沒有將可動電樞吸引,維持在原來狀態,就是共接典與常閉觸點(NC)接觸;當繼電器通電時,由下圖.(b)所示,因電磁線圈通電之後,產生磁力,所以將可動電樞吸引,往下移動,使共接典與常開觸點(ＮＯ)接觸,產生導通的情形。

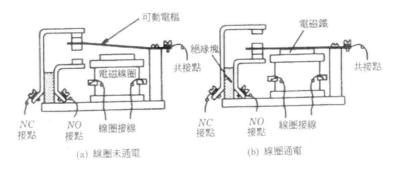

圖 11 繼電器運作原理

繼電器中常見的符號：

- COM（Common）表示共接點。
- NO（Normally Open）表示常開接點。平常處於開路，線圈通電後才與共接點 COM 接通（閉路）。
- NC（Normally Close）表示常閉接點。平常處於閉路（與共接點 COM 接通），線圈通電後才成為開路（斷路）。

繼電器運作線路

　　那繼電器如何應用到一般電器的開關電路上呢，如下圖所示，在繼電器電磁線圈的 DC 輸入端，輸入 DC 5V~24V(正確電壓請查該繼電器的資料手冊(DataSheet)得知)，當下圖左端 DC 輸入端之開關未打開時，下圖右端的常閉觸點與 AC 電流串接，與燈泡形成一個迴路，由於下圖右端的常閉觸點因下圖左端 DC 輸入端之開關未打開，電磁線圈未導通，所以下圖右端的 AC 電流與燈泡的迴路無法導通電源，所以燈泡不會亮。

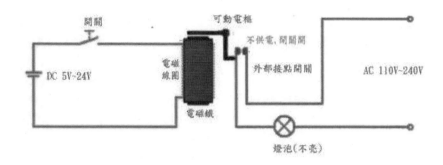

圖 12 繼電器未驅動時燈泡不亮

資料來源：(維基百科-繼電器, 2013)

　　如下圖所示，在繼電器電磁線圈的 DC 輸入端，輸入 DC 5V~24V(正確電壓請查該繼電器的資料手冊(DataSheet)得知)，當下圖左端 DC 輸入端之開關打開時，下圖右端的常閉觸點與 AC 電流串接，與燈泡形成一個迴路，由於下圖右端的常閉觸點因下圖左端 DC 輸入端之開關已打開，電磁線圈導通產生磁力，吸引可動電樞，使下圖右端的 AC 電流與燈泡的迴路導通，所以燈泡因有 AC 電流流入，所以燈泡就亮起來了。

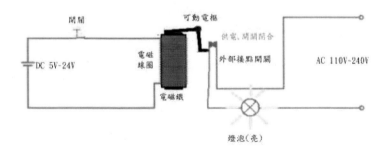

圖 13 繼電器驅動時燈泡亮

資料來源：(維基百科-繼電器, 2013)

由上二圖所示，輔以上述文字，我們就可以了解到如何設計一個繼電器驅動電路，來當為外界電器設備的控制開關了。

完成 Modbus RTU 繼電器模組電力供應

如下圖所示，我們看 Modbus RTU 繼電器模組之電源輸入端，本裝置可以使用 9~30V 直流電，我們使用 12V 直流電供應 Modbus RTU 繼電器模組。

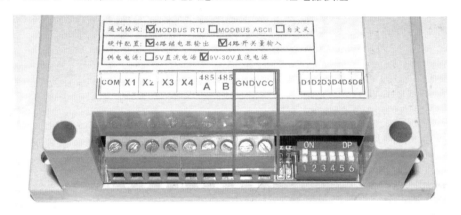

圖 14 Modbus RTU 繼電器模組之電源供應端)

如下圖所示，筆者使用高瓦數的交換式電源供應器，將下圖所示之紅框區，
+V 為 12V 正極端接到上圖之 VCC，-V 為 12V 負極端接到上圖之 GND，完成
Modbus RTU 繼電器模組之電力供應。

圖 15 電源供應器 12V 供應端

完成 Modbus RTU 繼電器模組之對外通訊端

如下圖所示,我們看 Modbus RTU 繼電器模組之 RS485 通訊端,如下圖紅框處,可以見到 A 與 B 的圖示,我們需要使用兩條平行線將 A、B 端 RS485 到另一端控制端之 RS485A、B 端。

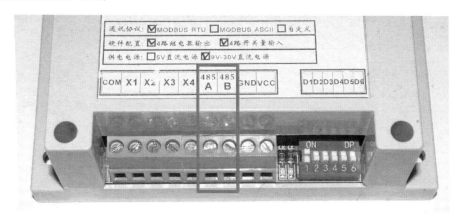

圖 16 Modbus RTU 繼電器模組之 RS485 通訊端

由於 RS485 的電壓與傳輸電氣方式不同，所以我們需要使用 TTL 轉 RS485 的轉換模組，如下圖.(a)所示， 筆者使用這個 TTL 轉 RS485 模組，進行轉換不同通訊方式。

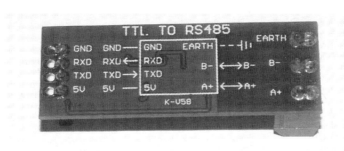

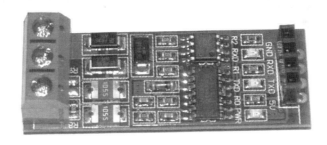

(a). TL 轉 RS485 模組

(b). TL 轉 RS485 模組之工業通訊端

圖 17 TTL 轉 RS485 模組

如上圖.(b)紅框所示，我們將 A+腳位接在 Modbus RTU 繼電器模組之 RS485 之 A 腳位；再來我們將 B-腳位接在 Modbus RTU 繼電器模組之 RS485 之 B 腳位，完成下圖所示之電路。

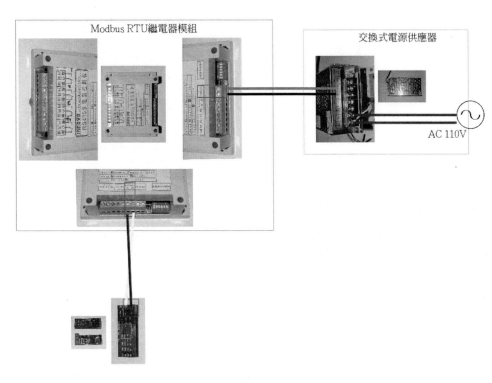

TTL轉RS485模組

圖 18 TTL 轉 RS485 模組

章節小結

本章主要介紹之 Modbus RTU 繼電器模組主要規格、電路連接、單晶片如何透過 TTL2RS485 模組連接 Modbus RTU 繼電器模組等介紹，透過本章節的解說，相信讀者會對連接、使用 TTL2RS485 模組，連接 Modbus RTU 繼電器模，有更深入的了解與體認。

3

CHAPTER

WIFI 通訊控制

本章我們使用目前當紅的 Ameba RTL 8195 AM 開發板，結合 RS485 通訊模組，使用工業上 RS232/RS422/RS48/MODBUS RTU 等工業通訊方式，連接產業界常用的裝置或機器，進行通訊，進而控制這些裝置進行動作。

產業界最常見的裝置如 Modbus RTU 繼電器模組，因為產業界用來控制電氣電路的地方很多，所以 Modbus RTU 繼電器模組使用非常廣泛，筆者先行透過 Ameba RTL 8195 開發板，建立一個網站，在網站中可以控制 Modbu s RTU 繼電器模組之繼電器進行吸入與彈起，對於控制方面就是可以進行電力之開啟與關閉，進而可以控制家電。

使用具有 WIFI 網路功能的 Ameba RTL 8195 開發板

接下來我們要用 Ameba RTL 8195 開發板，如下圖.(a)所示，Ameba RTL 8195 開發板是瑞昱半導體股份有限公司(Realtek Semiconductor Corp.)自行研發製造的 Arduino 開發板相容品，功能強大，內建 Wifi 網路通訊模組、NFC 模組等，且開發工具相容於 Arduino Sketch IDE 開發工具，對許多感測模組使用與函式庫更是相容於 Arduino 官方與第三方軟體。

如下圖.(b)所示，Ameba RTL 8195 開發板的外接腳位相容於 Arduino UNO 開發板，適合開發各式的感測器或物聯網應用。Ameba RTL 8195 開發板的介面有 Wifi, GPIO, NFC, I2C, UART, SPI, PWM, ADC，使用方式完全相容 Arduino UNO 開發板，讓許多 Makers 使用上，沒有太多的轉換成本。

(a). Ameba RTL 8195 開發板

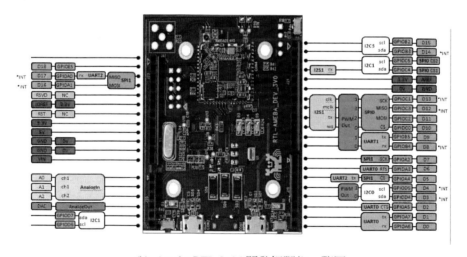

(b). Ameba RTL 8195 開發板腳位一覽圖

圖 19　Ameba RTL 8195 開發板

參考來源：Ameba 開發板官網：http://www.amebaiot.com/

如下表所示，我們將 Ameba RTL 8195 AM 開發板與 TTL 轉 RS485 模組之電路連接起來後，連同 Modbus RTU 繼電器模組與電源供應器等，進行最後的電路組立，完成後如下圖所示，我們可以完成 Ameba 連接 Modbus RTU 繼電器模組之完整電路。

表 3 電路組立接腳表

TTL 轉 RS485	Modbus RTU 繼電器模組
A+	Modbus RTU 繼電器模組 (A)
B-	Modbus RTU 繼電器模組 (B)

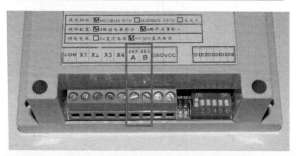

TTL 轉 RS485	Ameba RTL 8195 開發板
GND	G N D
R X D	D 0
T X D	D 1
5V	+5V

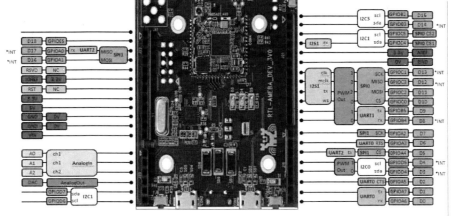

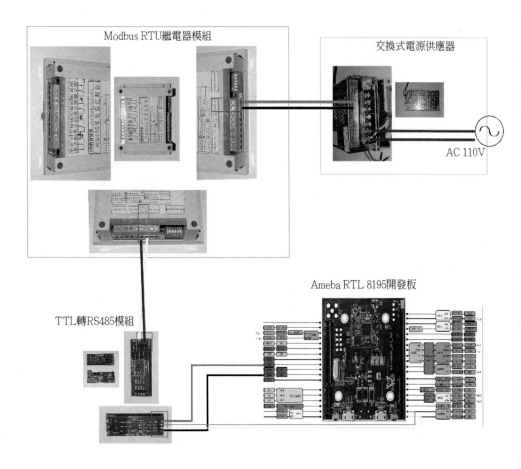

圖 20 Ameba 連接 Modbus RTU 繼電器模組之完整電路圖

透過命令控制 Modbus RTU 繼電器模組

我們將 Arduno 開發板的驅動程式安裝好之後，我們打開 Arduino 開發板的開發工具：Sketch IDE 整合開發軟體（軟體下載請到：https://www.arduino.cc/en/Main/Software），攢寫一段程式，如下表所示之透過串列埠傳輸命令控制 Modbus RTU 繼電器模組測試程式，使用控制命令控制繼電器開啟與關閉。

表 4 透過串列埠傳輸命令控制 Modbus RTU 繼電器模組測試程式

透過串列埠傳輸命令控制 Modbus RTU 繼電器模組測試程式
(Ameba_Control_RS485_Coil)

```
#include <SoftwareSerial.h>

unsigned char cmd[8][8] ={ {0x01,0x05,0x00,0x00,0xFF,0x00,0x8C,0x3A},
                          {0x01,0x05,0x00,0x00,0x00,0x00,0xCD,0xCA},
                          {0x01,0x05,0x00,0x01,0xFF,0x00,0xDD,0xFA},
                          {0x01,0x05,0x00,0x01,0x00,0x00,0x9C,0x0A},
                          {0x01,0x05,0x00,0x02,0xFF,0x00,0x2D,0xFA},
                          {0x01,0x05,0x00,0x02,0x00,0x00,0x6C,0x0A},
                          {0x01,0x05,0x00,0x03,0xFF,0x00,0x7C,0x3A},
                          {0x01,0x05,0x00,0x03,0x00,0x00,0x3D,0xCA} } ;


/*
 * Relay0 On:   01-05-00-00-FF-00-8C-3A
Relay0 Off: 01-05-00-00-00-00-CD-CA
Relay1 On:   01-05-00-01-FF-00-DD-FA
Relay1 Off: 01-05-00-01-00-00-9C-0A
Relay2 On:   01-05-00-02-FF-00-2D-FA
Relay2 Off: 01-05-00-02-00-00-6C-0A
Relay3 On:   01-05-00-03-FF-00-7C-3A
Relay3 Off: 01-05-00-03-00-00-3D-CA
 */
SoftwareSerial mySerial(0, 1); // RX, TX

void setup() {
   // put your setup code here, to run once:
     Serial.begin(9600) ;
     mySerial.begin(9600) ;
     Serial.println("RS485 Test Start .....") ;


}

void loop() {
```

```
// put your main code here, to run repeatedly:
    for(int i = 0 ; i <8; i++)
        {
            mySerial.write(cmd[1][i]) ;
        }
        Serial.println("Realy Turn on ") ;
        if (mySerial.available() >0)
            {
                while (mySerial.available() >0)
                    {
                        Serial.print(mySerial.read() , HEX) ;
                    }


            }
        delay(10000) ;
    for(int i = 0 ; i <8; i++)
        {
            mySerial.write(cmd[0][i]) ;
        }
        Serial.println("Realy Turn off ") ;
        if (mySerial.available() >0)
            {
                while (mySerial.available() >0)
                    {
                        Serial.print(mySerial.read() , HEX) ;
                    }


            }
        delay(10000) ;

}
```

程式碼：https://github.com/brucetsao/Industry4_Relay/tree/master/Codes

控制命令解釋

如下表所示，筆者拿到 Modbus RTU 繼電器模組的命令資料如下：

表 5　Modbus RTU 繼電器模組的命令資料一覽表

繼電器	狀態	命令
繼電器一	開啟	01-05-00-00-FF-00-8C-3A
繼電器一	關閉	01-05-00-00-00-00-CD-CA
繼電器二	開啟	01-05-00-01-FF-00-DD-FA
繼電器二	關閉	01-05-00-01-00-00-9C-0A
繼電器三	開啟	01-05-00-02-FF-00-2D-FA
繼電器三	關閉	01-05-00-02-00-00-6C-0A
繼電器四	開啟	01-05-00-03-FF-00-7C-3A
繼電器四	關閉	01-05-00-03-00-00-3D-CA

首先，我們使用 cmd 的字串陣列來儲存上面四個繼電器的開啟、關閉的命令控制碼，每一個控制命令為八個位元組組成。

```
unsigned char cmd[8][8] ={ {0x01,0x05,0x00,0x00,0xFF,0x00,0x8C,0x3A},
                           {0x01,0x05,0x00,0x00,0x00,0x00,0xCD,0xCA},
                           {0x01,0x05,0x00,0x01,0xFF,0x00,0xDD,0xFA},
                           {0x01,0x05,0x00,0x01,0x00,0x00,0x9C,0x0A},
                           {0x01,0x05,0x00,0x02,0xFF,0x00,0x2D,0xFA},
                           {0x01,0x05,0x00,0x02,0x00,0x00,0x6C,0x0A},
                           {0x01,0x05,0x00,0x03,0xFF,0x00,0x7C,0x3A},
                           {0x01,0x05,0x00,0x03,0x00,0x00,0x3D,0xCA} } ;
```

程式碼：https://github.com/brucetsao/Industry4_Relay/tree/master/Codes

如下表，我們控制第一組繼電器關閉，為 cmd[1][0-8]的命令，所以我們使用迴圈傳輸到 mySerial（已用 SoftwareSerial mySerial(0, 1); // RX, TX，進行宣告為ＴＴＬ
轉ＲＳ485 模組所使用的腳位），進行命令控制。

```
for(int i = 0 ; i <8; i++)
    {
        mySerial.write(cmd[1][i]) ;
    }
    Serial.println("Realy Turn on ") ;
    if (mySerial.available() >0)
    {
        while (mySerial.available() >0)
            {
                Serial.print(mySerial.read() , HEX) ;
            }

    }
```

如下表，我們控制第一組繼電器開啟，為 cmd[0][0-8]的命令，所以我們使用迴
圈傳輸到 mySerial（已用 SoftwareSerial mySerial(0, 1); // RX, TX，進行宣告為ＴＴＬ
轉ＲＳ485 模組所使用的腳位），進行命令控制。

```
for(int i = 0 ; i <8; i++)
    {
        mySerial.write(cmd[1][i]) ;
    }
    Serial.println("Realy Turn on ") ;
    if (mySerial.available() >0)
    {
        while (mySerial.available() >0)
            {
                Serial.print(mySerial.read() , HEX) ;
            }

    }
```

使用 TCP/IP 建立網站控制繼電器

我們將 Arduno 開發板的驅動程式安裝好之後，我們打開 Arduino 開發板的開發工具：Sketch IDE 整合開發軟體(軟體下載請到：
https://www.arduino.cc/en/Main/Software)，我們寫出一個使用ＷＩＦＩ的ＡＣＣＥＳＳ　ＰＯＩＮＴ（ＡＰ　Ｍｏｄｅ）模式，使用 TCP/IP 傳輸，建立一個網站，進而建立控制網頁，來控制 Modbus RTU 繼電器模組。

表 6 使用 TCP/IP 建立網站控制繼電器測試程式

使用 TCP/IP 建立網站控制繼電器測試程式 (Ameba_APMode_Control_RS485_CoilV3)

```
#include <SoftwareSerial.h>
#include <String.h>

unsigned char cmd[8][8] ={ {0x01,0x05,0x00,0x00,0xFF,0x00,0x8C,0x3A},
                           {0x01,0x05,0x00,0x00,0x00,0x00,0xCD,0xCA},
                           {0x01,0x05,0x00,0x01,0xFF,0x00,0xDD,0xFA},
                           {0x01,0x05,0x00,0x01,0x00,0x00,0x9C,0x0A},
                           {0x01,0x05,0x00,0x02,0xFF,0x00,0x2D,0xFA},
                           {0x01,0x05,0x00,0x02,0x00,0x00,0x6C,0x0A},
                           {0x01,0x05,0x00,0x03,0xFF,0x00,0x7C,0x3A},
                           {0x01,0x05,0x00,0x03,0x00,0x00,0x3D,0xCA} };


boolean    RelayMode[4]= { false,false,false,false} ;
/*
Relay0 On:    01-05-00-00-FF-00-8C-3A
Relay0 Off: 01-05-00-00-00-00-CD-CA
Relay1 On:    01-05-00-01-FF-00-DD-FA
Relay1 Off: 01-05-00-01-00-00-9C-0A
```

```
Relay2 On:   01-05-00-02-FF-00-2D-FA
Relay2 Off: 01-05-00-02-00-00-6C-0A
Relay3 On:   01-05-00-03-FF-00-7C-3A
Relay3 Off: 01-05-00-03-00-00-3D-CA
 */
SoftwareSerial mySerial(0, 1); // RX, TX

#include <WiFi.h>

char ssid[] = "Ameba";   //Set the AP's SSID
char pass[] = "12345678";        //Set the AP's password
char channel[] = "11";              //Set the AP's channel
int status = WL_IDLE_STATUS;        // the Wifi radio's status

int keyIndex = 0;                        // your network key Index number (needed
only for WEP)
IPAddress   Meip ,Megateway ,Mesubnet ;
String MacAddress ;
uint8_t MacData[6];

WiFiServer server(80);
  String currentLine = "";                              // make a String to hold incoming data
from the client

void setup() {
   //Initialize serial and wait for port to open:
        Serial.begin(9600) ;
      mySerial.begin(9600) ;

   // check for the presence of the shield:
   if (WiFi.status() == WL_NO_SHIELD) {
      Serial.println("WiFi shield not present");
      while (true);
   }
   String fv = WiFi.firmwareVersion();
   if (fv != "1.1.0") {
      Serial.println("Please upgrade the firmware");
   }
```

```
    // attempt to start AP:
    while (status != WL_CONNECTED) {
        Serial.print("Attempting to start AP with SSID: ");
        Serial.println(ssid);
        status = WiFi.apbegin(ssid, pass, channel);
        delay(10000);
    }

    //AP MODE already started:
    Serial.println("AP mode already started");
    Serial.println();
        server.begin();
    printWifiData();
    printCurrentNet();
    }

void loop() {
    WiFiClient client = server.available();    // listen for incoming clients

    if (client)
    {                                          // if you get a client,
        Serial.println("new client");          // print a message out the serial port
        currentLine = "";                      // make a String to hold incoming data
from the client
        Serial.println("clear content");        // print a message out the serial port
        while (client.connected())
        {                // loop while the client's connected
          if (client.available())
          {                        // if there's bytes to read from the client,
            char c = client.read();             // read a byte, then
            Serial.write(c);                    // print it out the serial monitor
        //    Serial.print("@") ;
            if (c == '\n')
            {                                   // if the byte is a newline character
                // Serial.print("~") ;
                // if the current line is blank, you got two newline characters in a row.
                // that's the end of the client HTTP request, so send a response:
```

```
            if (currentLine.length() == 0)
            {
                // HTTP headers always start with a response code (e.g. HTTP/1.1
200 OK)
                // and a content-type so the client knows what's coming, then a blank
line:
                client.println("HTTP/1.1 200 OK");

                client.println("Content-type:text/html");
                client.println();

            client.print("<title>Ameba AP Mode Control Relay</title>");
            client.println();
                        client.print("<html>");
                        client.println();
//                      client.print("<body>");
//                      client.println();
//----------control code start--------------------
                        // the content of the HTTP response follows the
header:
                        client.print("<p>Relay 1") ;
                        if (RelayMode[0])
                            {
                                client.print("(ON)") ;
                            }
                            else
                            {
                                client.print("(OFF)") ;
                            }

                        client.print(":") ;
                        client.print("<a href='/A'>Open</a>") ;
                        client.print("/") ;
                        client.print("<a href='/B'>Close</a>") ;
                        client.print("</p>");
                        client.print("<p>Relay 2") ;
                        if (RelayMode[1])
                            {
```

```
                                    client.print("(ON)") ;
                    }
                    else
                    {
                                    client.print("(OFF)") ;
                    }

            client.print(":") ;
            client.print("<a href='/C'>Open</a>") ;
            client.print("/") ;
            client.print("<a href='/D'>Close</a>") ;
            client.print("</p>");
            client.print("<p>Relay 3") ;
            if (RelayMode[2])
                    {
                                    client.print("(ON)") ;
                    }
                    else
                    {
                                    client.print("(OFF)") ;
                    }

            client.print(":") ;
            client.print("<a href='/E'>Open</a>") ;
            client.print("/") ;
            client.print("<a href='/F'>Close</a>") ;
            client.print("</p>");
            client.print("<p>Relay 4") ;
            if (RelayMode[3])
                    {
                                    client.print("(ON)") ;
                    }
                      else
                    {
                                    client.print("(OFF)") ;
                    }

            client.print(":") ;
```

```
                                    client.print("<a href='/G'>Open</a>") ;
                                    client.print("/") ;
                                    client.print("<a href='/H'>Close</a>") ;
                                    client.print("</p>");
//----------control code end
    //                              client.print("</body>");
    //                              client.println();
                                    client.print("</html>");
                                    client.println();

                // The HTTP response ends with another blank line:
                client.println();
                // break out of the while loop:
                break;
            }       // end of if (currentLine.length() == 0)
            else
            {      // if you got a newline, then clear currentLine:
                // here new line happen
                // so check string is GET Command
                    CheckConnectString() ;
                    currentLine = "";
                    // Serial.println("get new line so empty String") ;
            }     // end of if (currentLine.length() == 0) (for else)
        }        // end of   if (c == '\n')
        else if (c != '\r')
        {    // if you got anything else but a carriage return character,
            currentLine += c;          // add it to the end of the currentLine
        }        // end of   if (c == '\n')
// close the connection:


        }     // end of if (client.available())
        // inner while loop
    }        // end of while (client.connected())


    //   Serial.println("'while end'");

client.stop();
```

```
            Serial.println("client disonnected");
        }    //end of    if (client)
      // bottome line of loop()
    }    //end of loop()


    void CheckConnectString()
    {
                        // Check to see if the client request was "GET /HN or "GET
/LN":
            //      Serial.print("#") ;
            //      Serial.print("!");
            //      Serial.print(currentLine);

            //      Serial.print("!\n");
              //      Serial.println("Enter to Check Command");
            if (currentLine.startsWith("GET /A"))
            {
                    RelayMode[0] = true ;
                    RelayControl(1,RelayMode[0]);
            }
            if (currentLine.startsWith("GET /B"))
            {
                    RelayMode[0] = false ;
                    RelayControl(1,RelayMode[0]);
            }
            //----------------
            if (currentLine.startsWith("GET /C"))
            {
                    RelayMode[1] = true ;
                    RelayControl(2,RelayMode[1]);
            }
            if (currentLine.startsWith("GET /D"))
            {
                    RelayMode[1] = false ;
                    RelayControl(2,RelayMode[1]);
            }
            //------------------
            if (currentLine.startsWith("GET /E"))
```

```
                 {
                         RelayMode[2] = true ;
                         RelayControl(3,RelayMode[2]);
                 }
                 if (currentLine.startsWith("GET /F"))
                 {
                         RelayMode[2] = false ;
                         RelayControl(3,RelayMode[2]);
                 }
                 //-----------------
                 if (currentLine.startsWith("GET /G"))
                 {
                         RelayMode[3] = true ;
                         RelayControl(4,RelayMode[3]);
                 }
                 if (currentLine.startsWith("GET /H"))
                 {
                         RelayMode[3] = false ;
                         RelayControl(4,RelayMode[3]);
                 }
                 //-----------------
}
void RelayControl(int relaynnp, boolean    RM)
{

        if (RM)
        {
          Serial.print("Open ");
          Serial.print(relaynnp);
          Serial.print("\n");
             TurnOnRelay(relaynnp) ;
        }
        else
        {
          Serial.print("Close ");
          Serial.print(relaynnp);
          Serial.print("\n");
```

```
                    TurnOffRelay(relaynnp) ;
              }


    }
    void TurnOnRelay(int relayno)
    {
        for(int i = 0 ; i <8; i++)
            {
                mySerial.write(cmd[(relayno-1)*2][i]) ;
            }
            Serial.print("\nRelay :(") ;
            Serial.print(relayno) ;
            Serial.print(") \n\n") ;
            if (mySerial.available() >0)
                {
                    while (mySerial.available() >0)
                        {
                            Serial.print(mySerial.read() , HEX) ;
                        }


                }

    }



    void TurnOffRelay(int relayno)
    {
        for(int i = 0 ; i <8; i++)
            {
                mySerial.write(cmd[(relayno-1)*2+1][i]) ;
            }
            Serial.print("Relay :(") ;
            Serial.print(relayno) ;
            Serial.print(") \n") ;
            if (mySerial.available() >0)
                {
```

```
                    while (mySerial.available() >0)
                    {
                        Serial.print(mySerial.read() , HEX) ;
                    }


            }

}


void ShowMac()
{

        Serial.print("MAC:");
        Serial.print(MacAddress);
        Serial.print("\n");

}




String GetWifiMac()
{
    String tt ;
    String t1,t2,t3,t4,t5,t6 ;
    WiFi.status();        //this method must be used for get MAC
   WiFi.macAddress(MacData);

   Serial.print("Mac:");
    Serial.print(MacData[0],HEX) ;
    Serial.print("/");
    Serial.print(MacData[1],HEX) ;
    Serial.print("/");
    Serial.print(MacData[2],HEX) ;
    Serial.print("/");
    Serial.print(MacData[3],HEX) ;
    Serial.print("/");
```

```
        Serial.print(MacData[4],HEX) ;
        Serial.print("/");
        Serial.print(MacData[5],HEX) ;
        Serial.print("~");

        t1 = print2HEX((int)MacData[0]);
        t2 = print2HEX((int)MacData[1]);
        t3 = print2HEX((int)MacData[2]);
        t4 = print2HEX((int)MacData[3]);
        t5 = print2HEX((int)MacData[4]);
        t6 = print2HEX((int)MacData[5]);
      tt = (t1+t2+t3+t4+t5+t6) ;
    Serial.print(tt);
    Serial.print("\n");

        return tt ;
    }
    String    print2HEX(int number) {
        String ttt ;
        if (number >= 0 && number < 16)
        {
           ttt = String("0") + String(number,HEX);
        }
        else
        {
            ttt = String(number,HEX);
        }
        return ttt ;
    }



    void ShowInternetStatus()
    {

            if (WiFi.status())
                {
```

```
                        Meip = WiFi.localIP();
                        Serial.print("Get IP is:");
                        Serial.print(Meip);
                        Serial.print("\n");


                }
                else
                {
                                Serial.print("DisConnected:");
                                Serial.print("\n");
                }

    }

    void initializeWiFi() {
        while (status != WL_CONNECTED) {
            Serial.print("Attempting to connect to SSID: ");
            Serial.println(ssid);
            // Connect to WPA/WPA2 network. Change this line if using open or WEP net-
work:
            status = WiFi.begin(ssid, pass);
        //    status = WiFi.begin(ssid);

            // wait 10 seconds for connection:
            delay(10000);
        }
        Serial.print("\n Success to connect AP:") ;
        Serial.print(ssid) ;
        Serial.print("\n") ;

    }

    void printWifiData() {
        // print your WiFi shield's IP address:
        IPAddress ip = WiFi.localIP();
        Serial.print("IP Address: ");
        Serial.println(ip);
```

```
// print your subnet mask:
IPAddress subnet = WiFi.subnetMask();
Serial.print("NetMask: ");
Serial.println(subnet);

// print your gateway address:
IPAddress gateway = WiFi.gatewayIP();
Serial.print("Gateway: ");
Serial.println(gateway);
Serial.println();
}

void printCurrentNet() {
// print the SSID of the AP:
Serial.print("SSID: ");
Serial.println(WiFi.SSID());

// print the MAC address of AP:
byte bssid[6];
WiFi.BSSID(bssid);
Serial.print("BSSID: ");
Serial.print(bssid[0], HEX);
Serial.print(":");
Serial.print(bssid[1], HEX);
Serial.print(":");
Serial.print(bssid[2], HEX);
Serial.print(":");
Serial.print(bssid[3], HEX);
Serial.print(":");
Serial.print(bssid[4], HEX);
Serial.print(":");
Serial.println(bssid[5], HEX);

// print the encryption type:
byte encryption = WiFi.encryptionType();
Serial.print("Encryption Type:");
Serial.println(encryption, HEX);
Serial.println();
```

```
    }
```

程式碼：https://github.com/brucetsao/Industry4_Relay/tree/master/Codes

4

　　程式編譯完成後，上傳到 Ameba RTL 8195 開發板之後，我們重置 Ameba RTL 8195 開發板(必須要重置方能執行我們上傳的程式)，我們可以透過電腦(筆電)的無線網路熱點看到如下圖所示的『Ameba』熱點，請電腦切換到此熱點之後，等待網路連接一切就緒後，請讀者啟動瀏覽器(本文為 Chrome 瀏覽器)，然後在網址列輸入『Ameba』熱點的網址：『192.168.1.1』，進入網址畫面。

圖 21 執行後產生 Ameba 熱點

　　如下圖所示，我們可以看到 Ameba RTL 8195 開發板以建立『Ameba』熱點，並建立網站：『192.168.1.1』，此時我們可以點選網頁，來控制四個繼電器關起與關閉。

圖 22 透過網頁控制 Modbus RTU 繼電器模組測試程式結果畫面

　　如下圖所示，我們先測試 Modbus RTU 繼電器模組之第一組繼電器，我們點選

下圖.(a)，Relay 1 的 ***Open*** 超連結，我們可以看到下圖.(b)所示，已經可以完整開啟

繼電器，且三用電表也顯示通路。

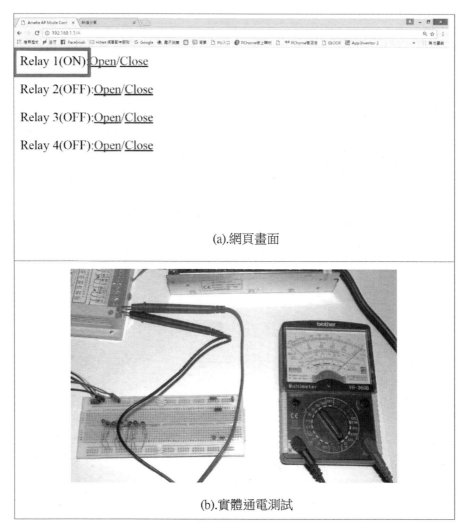

(a).網頁畫面

(b).實體通電測試

圖 23 TCP 伺服器啟動結果畫面

接下來我們測試是否可以關閉繼電器，如下圖所示，我們測試 Modbus RTU 繼電器模組之第一組繼電器，我們點選下圖.(a)，Relay 1 的 *Close* 超連結，我們可以看到下圖.(b)所示，已經可以關閉繼電器，且三用電表也顯示斷路。

(a).網頁畫面

(b).實體通電測試

圖 24 透過 TCP 命令改變燈泡

實體展示

最後，如下圖所示，我們將上面所有的零件，電務連接完成後，完整顯示在下圖中,我們可以發現,主要組件為下圖左邊三個元件,如果讀者閱讀完本文後,可以自行完成如筆者一樣的產品,並可以將之濃縮到非常小的盒子當中,如此我們可以讓工業上的控制,開始可以使用網際網路的方式進行控制。

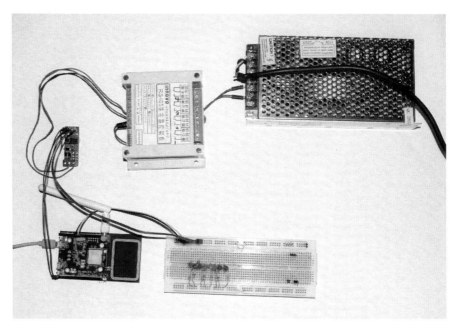

圖 25 整合電路產品原型

章節小結

本章主要介紹使用 Ameba RTL 8195 AM 開發板,整合 Modbus RTU 繼電器模組,建立一個獨立的網頁伺服器來控制 Modbus RTU 繼電器模組的四組繼電器,進而利用繼電器的電器開關來控制電力供應與否,相信讀者閱讀後,將對遠端與網頁方式控制電力供應,有更深入的了解與體認。

4

CHAPTER

以太網路

Arduino Ethernet Shield 簡介

W5100 主要特色是把 TCP/IP Protocols (TCP, UDP, ICMP, IPv4 ARP, IGMP, PPPoE, Ethernet) 做在硬體電路上，減輕了單晶片(MCU)的負擔 (也就是 Arduino 開發板的負擔)。

Arduino 程式只要使用 Ethernet Library[1] 便可以輕易完成連至網際網路的動作，不過 W5100 也不是沒有缺點，因為它有一個限制，就是最多只允許同時 4 個 socket 連線。

Arduino Ethernet Shield 使用加長型的 Pin header (如圖 26.(a) & 圖 26.(b))，可以直接插到 Arduino 控制板上 (如圖 26.(c) & 圖 26.(d) & 圖 26.(e))，而且原封不動地保留了 Arduino 控制板的 Pin Layout，讓使用者可以在它上面疊其它的擴充板 (如圖 26.(c) & 圖 26.(d) & 圖 26.(e))。

比較新的 Ethernet Shield 增加了 micro-SD card 插槽(如圖 26.(a))，可以用來儲存檔案，你可以用 Arduino 內建的 SD library 來存取板子上的 SD card

Ethernet Shield 相容於 UNO 和 Mega 2560 控制板。

---

[1] 可到 Arduino.cc 的官網：http://www.arduino.cc/en/reference/ethernet，下載函式庫與相關範例。

(a)正面圖

(b).背面圖

(c).堆疊圖

(d).側面圖

(e).網路接腳圖

(f).網路接線圖

圖 26 Ethernet Shield(W5100)

Arduino 開發板跟 W5100 以及 SD card 之間的通訊都是透過 SPI bus (通過 ICSP header)。

以 UNO 開發板 而言，SPI bus 腳位位於 pins 11, 12 和 13，而 Mega 2560 開發板 則是 pins 50, 51 和 52。UNO 和 Mega 2560 都一樣，pin 10 是用來選擇 W5100，而 pin 4 則是用來選擇 SD card。這邊提到的這幾支腳位都不能拿來當 GPIO 使用，請讀者勿必避開這兩個 GPIO 腳位。

另外，在 Arduino Mega 2560 開發板上，pin 53 是 hardware SS pin，這支腳位也必須保持為 OUTPUT，不然 SPI bus 就不能動作。

在使用的時候要注意一件事，因為 W5100 和 SD card 共享 SPI bus，所以在同一個時間只能使用其中一個設備。如果你程式裏會用到 W5100 和 SD card 兩種設備，那在使用對應的 library 時就要特別留意，要避免搶 SPI bus 資源的情形。

假如你確定不會用到其中一個設備的話，你可以在程式裏明白地指示 Arduino 開發板，方法是: 如果不會用到 SD card，那就把 pin 4 設置成 OUTPUT 並把狀態改為 high，如果不會用到 W5100，那麼便把 pin 10 設置成 OUTPUT 並把狀態改為 high。

如圖 27 所示，Ethernet Shield 狀態指示燈 (LEDs)功能列舉如下:

- PWR: 表示 Arduino 控制板和 Ethernet Shield 已經上電
- LINK: 網路指示燈，當燈號閃爍時代表正在傳送或接收資料
- FULLD: 代表網路連線是全雙工
- 100M: 表示網路是 100 MB/s (相對於 10 Mb/s)
- RX: 接收資料時閃爍
- TX: 傳送資料時閃爍
- COLL: 閃爍時代表網路上發生封包碰撞的情形 (network collisions are detected)

資料來源：http://www.arduino.cc/en/Main/ArduinoEthernetShield

圖 27 W5100 指示燈

簡單 Web Server

首先，組立 W5100 以太網路模組是非常容易的一件事，如下圖所示，只要將
W5100 以太網路模組堆疊到任何 Arduino 開發板之上就可以了。

圖 28 將 Arduino 開發板與 W5100 以太網路模組堆疊組立

之後，在將組立好的 W5100 以太網路模組，如下圖所示，只要將 USB 線差到
Arduino 開發板，再將 RJ 45 的網路線一端插到 W5100 以太網路模組，另一端插到
可以上網的集線器(Switch HUB)的任何一個區域網路接口(Lan Port)就可以了。

圖 29 接上電源與網路線的 W5100 以太網路模組堆疊卡

　　我們遵照前幾章所述，將 Arduino 開發板的驅動程式安裝好之後，我們打開 Arduino 開發板的開發工具：Sketch IDE 整合開發軟體，攥寫一段程式，如下表所示之 WebServer 測試程式，我們就可以讓 W5100 以太網路模組堆疊卡變成一台簡易的網頁伺服器運作了。

表 7 WebServer 測試程式

W5100 以太網路模組(WebServer)
/* 　Web Server A simple web server that shows the value of the analog input pins. using an Arduino Wiznet Ethernet shield. Circuit: * Ethernet shield attached to pins 10, 11, 12, 13 * Analog inputs attached to pins A0 through A5 (optional) created 18 Dec 2009 by David A. Mellis modified 9 Apr 2012 by Tom Igoe */ #include <SPI.h>

```
#include <Ethernet.h>

// Enter a MAC address and IP address for your controller below.
// The IP address will be dependent on your local network:
byte mac[] = {
  0xAA, 0xBB, 0xCC, 0xDD, 0xEE, 0xFF
};
IPAddress ip(192, 168, 30, 200);
IPAddress dnServer(168, 95, 1, 1);
// the router's gateway address:
IPAddress gateway(192, 168, 30, 254);
// the subnet:
IPAddress subnet(255, 255, 255, 0);

// Initialize the Ethernet server library
// with the IP address and port you want to use
// (port 80 is default for HTTP):
EthernetServer server(80);

void setup() {
  // Open serial communications and wait for port to open:
  Serial.begin(9600);
  while (!Serial) {
    ; // wait for serial port to connect. Needed for Leonardo only
  }


  // start the Ethernet connection and the server:
  Ethernet.begin(mac, ip, dnServer, gateway, subnet);
  server.begin();
  Serial.print("server is at ");
  Serial.println(Ethernet.localIP());
}


void loop() {
  // listen for incoming clients
  EthernetClient client = server.available();
```

```
if (client) {
    Serial.println("new client");
    // an http request ends with a blank line
    boolean currentLineIsBlank = true;
    while (client.connected()) {
        if (client.available()) {
            char c = client.read();
            Serial.write(c);
            // if you've gotten to the end of the line (received a newline
            // character) and the line is blank, the http request has ended,
            // so you can send a reply
            if (c == '\n' && currentLineIsBlank) {
                // send a standard http response header
                client.println("HTTP/1.1 200 OK");
                client.println("Content-Type: text/html");
                client.println("Connection: close");   // the connection will be closed after
completion of the response
                client.println("Refresh: 5");   // refresh the page automatically every 5 sec
                client.println();
                client.println("<!DOCTYPE HTML>");
                client.println("<html>");
                // output the value of each analog input pin
                for (int analogChannel = 0; analogChannel < 6; analogChannel++) {
                    int sensorReading = analogRead(analogChannel);
                    client.print("analog input ");
                    client.print(analogChannel);
                    client.print(" is ");
                    client.print(sensorReading);
                    client.println("<br />");
                }
                client.println("</html>");
                break;
            }
            if (c == '\n') {
                // you're starting a new line
                currentLineIsBlank = true;
            }
            else if (c != '\r') {
```

```
        // you've gotten a character on the current line
        currentLineIsBlank = false;
      }
    }
  }
  // give the web browser time to receive the data
  delay(1);
  // close the connection:
  client.stop();
  Serial.println("client disconnected");
  }
}
```

程式碼：https://github.com/brucetsao/Industry4_Relay/tree/master/Codes

如下圖所示，讀者可以看到本次實驗- WebServer 測試程式結果畫面。

圖 30 WebServer 測試程式結果畫面

使用 DHCP 架設 Web Server

首先，組立 W5100 以太網路模組是非常容易的一件事，如下圖所示，只要將 W5100 以太網路模組堆疊到任何 Arduino 開發板之上就可以了。

圖 31 將 Arduino 開發板與 W5100 以太網路模組堆疊組立

之後，在將組立好的 W5100 以太網路模組，如下圖所示，只要將 USB 線差到 Arduino 開發板，再將 RJ 45 的網路線一端插到 W5100 以太網路模組，另一端插到可以上網的集線器(Switch HUB)的任何一個區域網路接口(Lan Port)就可以了。

圖 32 接上電源與網路線的 W5100 以太網路模組堆疊卡

我們遵照前幾章所述，將 Arduino 開發板的驅動程式安裝好之後，我們打開 Arduino 開發板的開發工具：Sketch IDE 整合開發軟體，攥寫一段程式，如下表所示之 WebServer 測試程式一，我們就可以讓 W5100 以太網路模組堆疊卡變成一台簡易的網頁伺服器運作了。

表 8 WebServer 測試程式一

WebServer 測試程式一(WebServer_dhcp)
/* Web Server

A simple web server that shows the value of the analog input pins.
using an Arduino Wiznet Ethernet shield.

Circuit:
* Ethernet shield attached to pins 10, 11, 12, 13
* Analog inputs attached to pins A0 through A5 (optional)

created 18 Dec 2009
by David A. Mellis
modified 9 Apr 2012
by Tom Igoe

*/

```
#include <SPI.h>
#include <Ethernet.h>

// Enter a MAC address and IP address for your controller below.
// The IP address will be dependent on your local network:
byte mac[] = {
   0xAA, 0xBB, 0xCC, 0xDD, 0xEE, 0xFF
};
IPAddress ip(192, 168, 30, 200);

//IPAddress ip    = Ethernet.localIP() ;
IPAddress dnServer(168, 95, 1, 1);
// the router's gateway address:
IPAddress gateway(192, 168, 30, 254);
// the subnet:
IPAddress subnet(255, 255, 255, 0);

// Initialize the Ethernet server library
// with the IP address and port you want to use
// (port 80 is default for HTTP):
EthernetServer server(80);

void setup() {
```

```
  // Open serial communications and wait for port to open:
  Serial.begin(9600);
//ip = Ethernet.localIP() ;
    Serial.println("now program Start") ;

  while (!Serial) {
    ; // wait for serial port to connect. Needed for Leonardo only
  }

  // 啟用 Ethernet 連線，預設會以 DHCP 取得 IP 位址
  if (Ethernet.begin(mac) == 0) {
    Serial.println("無法取得 IP 位址");
    // 無法取得 IP 位址，不做任何事情
    for(;;)
      ;
  }
  // 輸出 IP 位址
  Serial.print("IP 位址：");
  Serial.println(ip);

//    Ethernet.begin(mac, ip, dnServer, gateway, subnet);
    Ethernet.begin(mac);       // use this statement , will request DHCP server for ip

  server.begin();
  Serial.print("server is at ");
  Serial.println(Ethernet.localIP());
}


void loop() {
  // listen for incoming clients
  EthernetClient client = server.available();
  if (client) {
    Serial.println("new client");
    // an http request ends with a blank line
    boolean currentLineIsBlank = true;
    while (client.connected()) {
      if (client.available()) {
```

```
        char c = client.read();
        Serial.write(c);
        // if you've gotten to the end of the line (received a newline
        // character) and the line is blank, the http request has ended,
        // so you can send a reply
        if (c == '\n' && currentLineIsBlank) {
            // send a standard http response header
            client.println("HTTP/1.1 200 OK");
            client.println("Content-Type: text/html");
            client.println("Connection: close");   // the connection will be closed after
completion of the response
            client.println("Refresh: 5");   // refresh the page automatically every 5 sec
            client.println();
            client.println("<!DOCTYPE HTML>");
            client.println("<html>");
            // output the value of each analog input pin
            for (int analogChannel = 0; analogChannel < 6; analogChannel++) {
                int sensorReading = analogRead(analogChannel);
                client.print("analog input ");
                client.print(analogChannel);
                client.print(" is ");
                client.print(sensorReading);
                client.println("<br />");
            }
            client.println("</html>");
            break;
        }
        if (c == '\n') {
            // you're starting a new line
            currentLineIsBlank = true;
        }
        else if (c != '\r') {
            // you've gotten a character on the current line
            currentLineIsBlank = false;
        }
      }
    }
    // give the web browser time to receive the data
```

```
    delay(1);
    // close the connection:
    client.stop();
    Serial.println("client disconnected");
  }
}
```

程式碼：https://github.com/brucetsao/Industry4_Relay/tree/master/Codes

　　如下圖所示，讀者可以看到本次實驗- WebServer 測試程式一結果畫面。

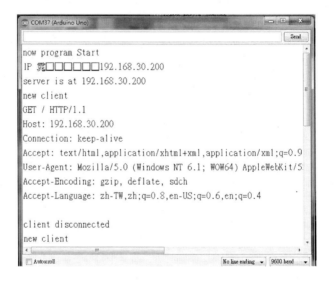

圖 33 WebServer 測試程式一結果畫面

Telnet 用戶端程式

　　首先，組立 W5100 以太網路模組是非常容易的一件事，如下圖所示，只要將 W5100 以太網路模組堆疊到任何 Arduino 開發板之上就可以了。

圖 34 將 Arduino 開發板與 W5100 以太網路模組堆疊組立

　　之後，在將組立好的 W5100 以太網路模組，如下圖所示，只要將 USB 線差到
Arduino 開發板，再將 RJ 45 的網路線一端插到 W5100 以太網路模組，另一端插到
可以上網的集線器(Switch HUB)的任何一個區域網路接口(Lan Port)就可以了。

圖 35 接上電源與網路線的 W5100 以太網路模組堆疊卡

　　我們遵照前幾章所述，將 Arduino 開發板的驅動程式安裝好之後，我們打開
Arduino 開發板的開發工具：Sketch IDE 整合開發軟體，攘寫一段程式，如下表所
示之 Telnet 用戶端程式測試程式，我們就可以讓 W5100 以太網路模組堆疊卡
變成一台簡易的網頁伺服器運作了。

表 9 Telnet 用戶端程式測試程式

Telnet 用戶端程式測試程式(TelnetClient)

```
/*
   Telnet client

 This sketch connects to a a telnet server (http://www.google.com)
 using an Arduino Wiznet Ethernet shield.   You'll need a telnet server
 to test this with.
 Processing's ChatServer example (part of the network library) works well,
 running on port 10002. It can be found as part of the examples
 in the Processing application, available at
 http://processing.org/

 Circuit:
 * Ethernet shield attached to pins 10, 11, 12, 13

 created 14 Sep 2010
 modified 9 Apr 2012
 by Tom Igoe

 */

#include <SPI.h>
#include <Ethernet.h>

// Enter a MAC address and IP address for your controller below.
// The IP address will be dependent on your local network:
byte mac[] = {
   0xAA, 0xBB, 0xCC, 0xDD, 0xEE, 0xFF
};
IPAddress ip(192, 168, 30, 200);
IPAddress dnServer(168, 95, 1, 1);
// the router's gateway address:
IPAddress gateway(192, 168, 30, 254);
// the subnet:
IPAddress subnet(255, 255, 255, 0);
```

```
// Enter the IP address of the server you're connecting to:
IPAddress server(140, 112, 172, 11);

// Initialize the Ethernet client library
// with the IP address and port of the server
// that you want to connect to (port 23 is default for telnet;
// if you're using Processing's ChatServer, use    port 10002):
EthernetClient client;

void setup() {
  // start the Ethernet connection:
  Ethernet.begin(mac, ip, dnServer, gateway, subnet);

  // Open serial communications and wait for port to open:
  Serial.begin(9600);
  while (!Serial) {
    ; // wait for serial port to connect. Needed for Leonardo only
  }


  // give the Ethernet shield a second to initialize:
  delay(1000);
  Serial.println("connecting...");

  // if you get a connection, report back via serial:
  if (client.connect(server, 23)) {
    Serial.println("connected");
  }
  else {
    // if you didn't get a connection to the server:
    Serial.println("connection failed");
  }
}

void loop()
{
```

```
// if there are incoming bytes available
// from the server, read them and print them:
if (client.available()) {
    char c = client.read();
    Serial.print(c);
}

// as long as there are bytes in the serial queue,
// read them and send them out the socket if it's open:
while (Serial.available() > 0) {
    char inChar = Serial.read();
    if (client.connected()) {
        client.print(inChar);
    }
}

// if the server's disconnected, stop the client:
if (!client.connected()) {
    Serial.println();
    Serial.println("disconnecting.");
    client.stop();
    // do nothing:
    while (true);
}
}
```

程式碼：https://github.com/brucetsao/Industry4_Relay/tree/master/Codes

如下圖所示，讀者可以看到本次實驗- Telnet 用戶端程式測試程式結果畫面。

圖 36 Telnet 用戶端程式測試程式結果畫面

文字型 Browser 用戶端程式

首先，組立 W5100 以太網路模組是非常容易的一件事，如下圖所示，只要將 W5100 以太網路模組堆疊到任何 Arduino 開發板之上就可以了。

圖 37 將 Arduino 開發板與 W5100 以太網路模組堆疊組立

之後，在將組立好的 W5100 以太網路模組，如下圖所示，只要將 USB 線差到 Arduino 開發板，再將 RJ 45 的網路線一端插到 W5100 以太網路模組，另一端插到可以上網的集線器(Switch HUB)的任何一個區域網路接口(Lan Port)就可以了。

圖 38 接上電源與網路線的 W5100 以太網路模組堆疊卡

　　我們遵照前幾章所述，將 Arduino 開發板的驅動程式安裝好之後，我們打開 Arduino 開發板的開發工具：Sketch IDE 整合開發軟體，攥寫一段程式，如下表所示之 Telnet 用戶端程式測試程式，我們就可以讓 W5100 以太網路模組堆疊卡變成一台簡易的網頁伺服器運作了。

表 10 文字型 Browser 用戶端程式

文字型 Browser 用戶端程式(WebClient)
/* 　 Web client This sketch connects to a website (http://www.google.com) using an Arduino Wiznet Ethernet shield. Circuit: * Ethernet shield attached to pins 10, 11, 12, 13 created 18 Dec 2009 by David A. Mellis modified 9 Apr 2012 by Tom Igoe, based on work by Adrian McEwen */

```
#include <SPI.h>
#include <Ethernet.h>

// Enter a MAC address for your controller below.
// Newer Ethernet shields have a MAC address printed on a sticker on the shield
byte mac[] = {
  0xAA, 0xBB, 0xCC, 0xDD, 0xEE, 0xFF
};
IPAddress ip(192, 168, 30, 200);
IPAddress dnServer(168, 95, 1, 1);
// the router's gateway address:
IPAddress gateway(192, 168, 30, 254);
// the subnet:
IPAddress subnet(255, 255, 255, 0);

// if you don't want to use DNS (and reduce your sketch size)
// use the numeric IP instead of the name for the server:
//IPAddress server(74,125,232,128);   // numeric IP for Google (no DNS)
char server[] = "www.google.com";        // name address for Google (using DNS)

// Initialize the Ethernet client library
// with the IP address and port of the server
// that you want to connect to (port 80 is default for HTTP):
EthernetClient client;

void setup() {
  // Open serial communications and wait for port to open:
  Serial.begin(9600);
  while (!Serial) {
    ; // wait for serial port to connect. Needed for Leonardo only
  }

  // start the Ethernet connection:
  if (Ethernet.begin(mac) == 0) {
    Serial.println("Failed to configure Ethernet using DHCP");
    // no point in carrying on, so do nothing forevermore:
    // try to congifure using IP address instead of DHCP:
```

```
            Ethernet.begin(mac, ip, dnServer, gateway, subnet);


}
// give the Ethernet shield a second to initialize:
delay(1000);
Serial.println("connecting...");

// if you get a connection, report back via serial:
if (client.connect(server, 80)) {
    Serial.println("connected");
    // Make a HTTP request:
    client.println("GET /search?q=arduino HTTP/1.1");
    client.println("Host: www.google.com");
    client.println("Connection: close");
    client.println();
}
else {
    // kf you didn't get a connection to the server:
    Serial.println("connection failed");
}
}

void loop()
{
    // if there are incoming bytes available
    // from the server, read them and print them:
    if (client.available()) {
        char c = client.read();
        Serial.print(c);
    }

    // if the server's disconnected, stop the client:
    if (!client.connected()) {
        Serial.println();
        Serial.println("disconnecting.");
        client.stop();

        // do nothing forevermore:
```

```
    while (true);
  }
}
```

程式碼：https://github.com/brucetsao/Industry4_Relay/tree/master/Codes

如下圖所示，讀者可以看到本次實驗- 文字型 Browser 用戶端程式結果

畫面。

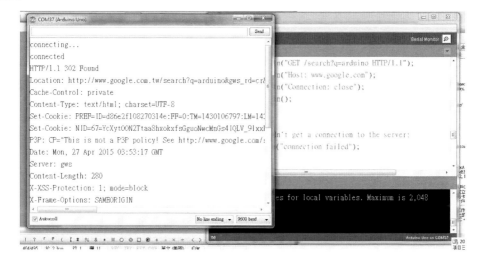

圖 39 文字型 Browser 用戶端程式結果畫面

取得網路校時時間資料

首先，組立 W5100 以太網路模組是非常容易的一件事，如下圖所示，只要將

W5100 以太網路模組堆疊到任何 Arduino 開發板之上就可以了。

圖 40 將 Arduino 開發板與 W5100 以太網路模組堆疊組立

之後，在將組立好的 W5100 以太網路模組，如下圖所示，只要將 USB 線差到 Arduino 開發板，再將 RJ 45 的網路線一端插到 W5100 以太網路模組，另一端插到可以上網的集線器(Switch HUB)的任何一個區域網路接口(Lan Port)就可以了。

圖 41 接上電源與網路線的 W5100 以太網路模組堆疊卡

我們遵照前幾章所述，將 Arduino 開發板的驅動程式安裝好之後，我們打開 Arduino 開發板的開發工具：Sketch IDE 整合開發軟體，攥寫一段程式，如下表所示之網路校時測試程式，我們就可以透過 W5100 以太網路模組堆疊卡取得網路校時時間。

表 11 網路校時測試程式

網路校時測試程式(UdpNtpClient)
/*

```
Udp NTP Client

Get the time from a Network Time Protocol (NTP) time server
Demonstrates use of UDP sendPacket and ReceivePacket
For more on NTP time servers and the messages needed to communicate with them,
see http://en.wikipedia.org/wiki/Network_Time_Protocol


created 4 Sep 2010
by Michael Margolis
modified 9 Apr 2012
by Tom Igoe

This code is in the public domain.

*/


#include <SPI.h>
#include <Ethernet.h>
#include <EthernetUdp.h>


// Enter a MAC address for your controller below.
// Newer Ethernet shields have a MAC address printed on a sticker on the shield
byte mac[] = {
  0xAA, 0xBB, 0xCC, 0xDD, 0xEE, 0xFF
};
IPAddress ip(192, 168, 30, 200);
IPAddress dnServer(168, 95, 1, 1);
// the router's gateway address:
IPAddress gateway(192, 168, 30, 254);
// the subnet:
IPAddress subnet(255, 255, 255, 0);


unsigned int localPort = 8888;        // local port to listen for UDP packets


char timeServer[] = "time.nist.gov"; // time.nist.gov NTP server
```

```
const int NTP_PACKET_SIZE = 48; // NTP time stamp is in the first 48 bytes of the
message

byte packetBuffer[ NTP_PACKET_SIZE]; //buffer to hold incoming and outgoing pack-
ets

// A UDP instance to let us send and receive packets over UDP
EthernetUDP Udp;

void setup()
{
   // Open serial communications and wait for port to open:
   Serial.begin(9600);
   while (!Serial) {
      ; // wait for serial port to connect. Needed for Leonardo only
   }


   // start Ethernet and UDP
   if (Ethernet.begin(mac) == 0) {
      Serial.println("Failed to configure Ethernet using DHCP");
      // no point in carrying on, so do nothing forevermore:
      Ethernet.begin(mac, ip, dnServer, gateway, subnet);

   }
   Udp.begin(localPort);
}

void loop()
{
   sendNTPpacket(timeServer); // send an NTP packet to a time server

   // wait to see if a reply is available
   delay(1000);
   if ( Udp.parsePacket() ) {
      // We've received a packet, read the data from it
      Udp.read(packetBuffer, NTP_PACKET_SIZE); // read the packet into the buffer
```

```
//the timestamp starts at byte 40 of the received packet and is four bytes,
// or two words, long. First, esxtract the two words:


unsigned long highWord = word(packetBuffer[40], packetBuffer[41]);
unsigned long lowWord = word(packetBuffer[42], packetBuffer[43]);
// combine the four bytes (two words) into a long integer
// this is NTP time (seconds since Jan 1 1900):
unsigned long secsSince1900 = highWord << 16 | lowWord;
Serial.print("Seconds since Jan 1 1900 = " );
Serial.println(secsSince1900);


// now convert NTP time into everyday time:
Serial.print("Unix time = ");
// Unix time starts on Jan 1 1970. In seconds, that's 2208988800:
const unsigned long seventyYears = 2208988800UL;
// subtract seventy years:
unsigned long epoch = secsSince1900 - seventyYears;
// print Unix time:
Serial.println(epoch);



// print the hour, minute and second:
Serial.print("The UTC time is ");          // UTC is the time at Greenwich Meridian
(GMT)
Serial.print((epoch   % 86400L) / 3600); // print the hour (86400 equals secs per
day)
Serial.print(':');
if ( ((epoch % 3600) / 60) < 10 ) {
    // In the first 10 minutes of each hour, we'll want a leading '0'
    Serial.print('0');
}
Serial.print((epoch   % 3600) / 60); // print the minute (3600 equals secs per mi-
nute)
Serial.print(':');
if ( (epoch % 60) < 10 ) {
    // In the first 10 seconds of each minute, we'll want a leading '0'
    Serial.print('0');
}
```

```
      Serial.println(epoch % 60); // print the second
   }
   // wait ten seconds before asking for the time again
   delay(10000);
}

// send an NTP request to the time server at the given address
unsigned long sendNTPpacket(char* address)
{
   // set all bytes in the buffer to 0
   memset(packetBuffer, 0, NTP_PACKET_SIZE);
   // Initialize values needed to form NTP request
   // (see URL above for details on the packets)
   packetBuffer[0] = 0b11100011;     // LI, Version, Mode
   packetBuffer[1] = 0;          // Stratum, or type of clock
   packetBuffer[2] = 6;          // Polling Interval
   packetBuffer[3] = 0xEC;    // Peer Clock Precision
   // 8 bytes of zero for Root Delay & Root Dispersion
   packetBuffer[12]   = 49;
   packetBuffer[13]   = 0x4E;
   packetBuffer[14]   = 49;
   packetBuffer[15]   = 52;

   // all NTP fields have been given values, now
   // you can send a packet requesting a timestamp:
   Udp.beginPacket(address, 123); //NTP requests are to port 123
   Udp.write(packetBuffer, NTP_PACKET_SIZE);
   Udp.endPacket();
}
```

程式碼：https://github.com/brucetsao/Industry4_Relay/tree/master/Codes

如下圖所示，讀者可以看到本次實驗-網路校時測試程式結果畫面。

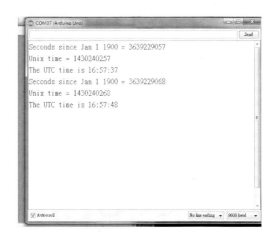

圖 42 網路校時測試程式結果畫面

Telnet 簡單聊天室

首先,組立 W5100 以太網路模組是非常容易的一件事,如下圖所示,只要將 W5100 以太網路模組堆疊到任何 Arduino 開發板之上就可以了。

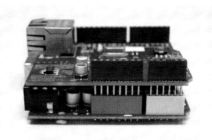

圖 43 將 Arduino 開發板與 W5100 以太網路模組堆疊組立

之後,在將組立好的 W5100 以太網路模組,如下圖所示,只要將 USB 線弄到 Arduino 開發板,再將 RJ 45 的網路線一端插到 W5100 以太網路模組,另一端插到 可以上網的集線器(Switch HUB)的任何一個區域網路接口(Lan Port)就可以了。

圖 44 接上電源與網路線的 W5100 以太網路模組堆疊卡

　　我們遵照前幾章所述，將 Arduino 開發板的驅動程式安裝好之後，我們打開 Arduino 開發板的開發工具：Sketch IDE 整合開發軟體，攥寫一段程式，如下表所示之 Telnet 簡單聊天室測試程式，我們就可以讓 W5100 以太網路模組堆疊卡變成一台簡易的 Telnet 簡單聊天室運作了。

表 12 Telnet 簡單聊天室測試程式

Telnet Telnet 簡單聊天室測試程式(ChatServer)
/* Chat　Server A simple server that distributes any incoming messages to all connected clients.　To use telnet to　your device's IP address and type. You can see the client's input in the serial monitor as well. Using an Arduino Wiznet Ethernet shield. Circuit: * Ethernet shield attached to pins 10, 11, 12, 13 * Analog inputs attached to pins A0 through A5 (optional) created 18 Dec 2009 by David A. Mellis modified 9 Apr 2012 by Tom Igoe */

```
#include <SPI.h>
#include <Ethernet.h>

// Enter a MAC address for your controller below.
// Newer Ethernet shields have a MAC address printed on a sticker on the shield
byte mac[] = {
  0xAA, 0xBB, 0xCC, 0xDD, 0xEE, 0xFF
};
IPAddress ip(192, 168, 30, 200);
IPAddress dnServer(168, 95, 1, 1);
// the router's gateway address:
IPAddress gateway(192, 168, 30, 254);
// the subnet:
IPAddress subnet(255, 255, 255, 0);



// telnet defaults to port 23
EthernetServer server(23);
boolean alreadyConnected = false; // whether or not the client was connected previously

void setup() {
  // initialize the ethernet device
  Ethernet.begin(mac, ip, gateway, subnet);
  // start listening for clients
  server.begin();
  // Open serial communications and wait for port to open:
  Serial.begin(9600);
  while (!Serial) {
    ; // wait for serial port to connect. Needed for Leonardo only
  }


  Serial.print("Chat server address:");
  Serial.println(Ethernet.localIP());
}
```

```
void loop() {
  // wait for a new client:
  EthernetClient client = server.available();

  // when the client sends the first byte, say hello:
  if (client) {
    if (!alreadyConnected) {
      // clead out the input buffer:
      client.flush();
      Serial.println("We have a new client");
      client.println("Hello, client!");
      alreadyConnected = true;
    }

    if (client.available() > 0) {
      // read the bytes incoming from the client:
      char thisChar = client.read();
      // echo the bytes back to the client:
      server.write(thisChar);
      // echo the bytes to the server as well:
      Serial.write(thisChar);
    }
  }
}
```

程式碼：https://github.com/brucetsao/Industry4_Relay/tree/master/Codes

　　如下圖所示，讀者可以看到本次實驗- Telnet 簡單聊天室，我們使用

Putty 通訊軟體，預備進行連線的畫面。

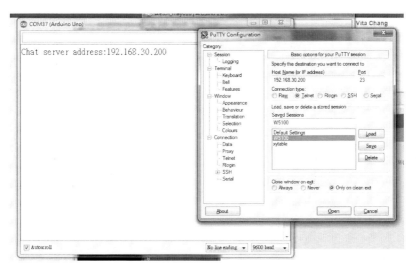

圖 45 Telnet 簡單聊天室預備進行連線的畫面

如下圖所示，讀者可以看到本次實驗- Telnet 簡單聊天室，我們使用 Putty 通訊軟體，進行 Telnet 簡單聊天室連線中的畫面。

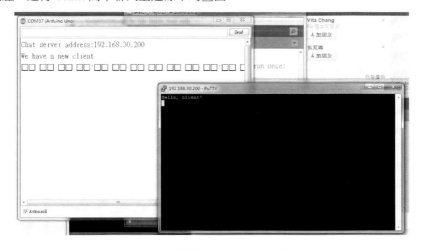

圖 46 Telnet 簡單聊天室連線中的畫面

如下圖所示，我們可以使用 putty 通訊軟體來測試聊天室的功能。

圖 47 Telnet 簡單聊天室聊天進行的畫面

Telnet 簡單多人版聊天室

　　首先，組立 W5100 以太網路模組是非常容易的一件事，如下圖所示，只要將 W5100 以太網路模組堆疊到任何 Arduino 開發板之上就可以了。

圖 48 將 Arduino 開發板與 W5100 以太網路模組堆疊組立

　　之後，在將組立好的 W5100 以太網路模組，如下圖所示，只要將 USB 線差到 Arduino 開發板，再將 RJ 45 的網路線一端插到 W5100 以太網路模組，另一端插到可以上網的集線器(Switch HUB)的任何一個區域網路接口(Lan Port)就可以了。

圖 49 接上電源與網路線的 W5100 以太網路模組堆疊卡

　　我們遵照前幾章所述，將 Arduino 開發板的驅動程式安裝好之後，我們打開
Arduino 開發板的開發工具：Sketch IDE 整合開發軟體，攥寫一段程式，如下表所
示之 Telnet 簡單聊天室測試程式，我們就可以讓 W5100 以太網路模組堆疊卡變
成一台簡易的 Telnet 簡單多人版聊天室運作了。

表 13 Telnet 簡單多人版聊天室測試程式

Telnet 簡單多人版聊天室測試程式(AdvancedChatServer)
/* Chat　Server A simple server that distributes any incoming messages to all connected clients.　To use telnet to　your device's IP address and type. You can see the client's input in the serial monitor as well. Using an Arduino Wiznet Ethernet shield. Circuit: * Ethernet shield attached to pins 10, 11, 12, 13 * Analog inputs attached to pins A0 through A5 (optional) created 18 Dec 2009 by David A. Mellis modified 9 Apr 2012 by Tom Igoe

```
*/

#include <SPI.h>
#include <Ethernet.h>

// Enter a MAC address for your controller below.
// Newer Ethernet shields have a MAC address printed on a sticker on the shield
byte mac[] = {
  0xAA, 0xBB, 0xCC, 0xDD, 0xEE, 0xFF
};
IPAddress ip(192, 168, 30, 200);
IPAddress dnServer(168, 95, 1, 1);
// the router's gateway address:
IPAddress gateway(192, 168, 30, 254);
// the subnet:
IPAddress subnet(255, 255, 255, 0);




// telnet defaults to port 23
EthernetServer server(23);
boolean alreadyConnected = false; // whether or not the client was connected previously

void setup() {
  // initialize the ethernet device
  Ethernet.begin(mac, ip, gateway, subnet);
  // start listening for clients
  server.begin();
  // Open serial communications and wait for port to open:
  Serial.begin(9600);
  while (!Serial) {
    ; // wait for serial port to connect. Needed for Leonardo only
  }


  Serial.print("Chat server address:");
  Serial.println(Ethernet.localIP());
}
```

```
void loop() {
  // wait for a new client:
  EthernetClient client = server.available();

  // when the client sends the first byte, say hello:
  if (client) {
    if (!alreadyConnected) {
      // clead out the input buffer:
      client.flush();
      Serial.println("We have a new client");
      client.println("Hello, client!");
      alreadyConnected = true;
    }

    if (client.available() > 0) {
      // read the bytes incoming from the client:
      char thisChar = client.read();
      // echo the bytes back to the client:
      server.write(thisChar);
      // echo the bytes to the server as well:
      Serial.write(thisChar);
    }
  }
}
```

程式碼：https://github.com/brucetsao/Industry4_Relay/tree/master/Codes

　　如下圖所示，讀者可以看到本次實驗- Telnet 簡單多人版聊天室，我們

使用 Putty 通訊軟體，預備進行連線的畫面。

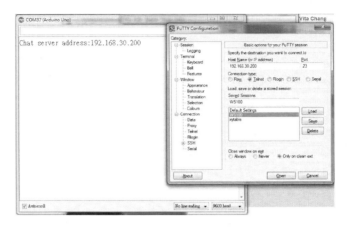

圖 50 Telnet 簡單聊天室多人版預備進行連線的畫面

如下圖所示，讀者可以看到本次實驗- Telnet 簡單聊天室，我們使用 Putty 通訊軟體，第一位 Telnet 簡單聊天室多人版連線中的畫面。

圖 51 第一位 Telnet 簡單聊天室多人版連線中的畫面

如下圖所示，讀者可以看到本次實驗- Telnet 簡單聊天室多人版，我們使用 Putty 通訊軟體，第二位 Telnet 簡單聊天室多人版進行的畫面。

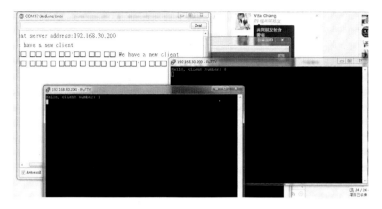

圖 52 第二位 Telnet 簡單聊天室多人版進行的畫面

章節小結

　　本章主要介紹 Arduino Ethernet Shield (W5100)以太網路模組，透過 Arduino 開發板來傳送、接收資料並透過瀏覽器顯示資訊。

5

CHAPTER

乙太網路繼電器模組

由於網際網路盛行，產業界多半以太網路等為主要的通訊方式，由於工業界使用 RS485、Modbus 等通訊已經行之多年，許多機台也多是 RS485、Modbus 等通訊為主的架構在運行。

由於工業界使用控制電氣電路的地方很多，然而這些控制電氣電路都是電壓(100V~250V，甚至更高電壓)，所以不太可能直接使用開發板驅動電路來控制電氣電路，而這些電器電路大多數是控制電力的供應與否，所以常用到繼電器模組來控制電力開啟與關閉，而 RS485 通訊是產業界常用的通訊協定，其中以 Modbus RTU 更是架構在 RS485 通訊上的企業級通訊，所以許多原有的機台與開發人員常用，所以筆者使用 Modbus RTU 繼電器模組

四組繼電器模組

在工業上應用，控制電力供應與否是整個工廠上非常普遍且基礎的應用，然而工業上的電力基本上都是 110V、220V 等，甚至還有更高的伏特數，電流已都以數安培到數十安培，對於這樣高電壓與高電流，許多以微處理機為主的開發板，不要說能夠控制它，這樣的電壓與電流，連碰它一下就馬上燒毀，所以工業上經常使用繼電器模組來控制電路，然而這些控制，也常常與 PLC、工業電腦等通訊，接受這些工控電腦允許後，方能給予電力，所以具備通訊功能的繼電器模組為應用上的主流。如下圖所示，我們使用 Modbus RTU 繼電器模組(曹永忠，2017)，這個模組是濟南因諾科技(網址: https://smart-control.world.taobao.com/?spm=a312a.7700824.0.0.54f17147QC34S8)生產的產品(網址: https://item.taobao.com/item.htm?spm=a312a.7700824.w4002-1053557900.28.4ac917c6IhI-JFP&id=43628327826)，INNO-4RD-NET 網路繼電器模組是一款可安裝在 3.5cm 導

軌上的乙太網路繼電器控制器模組，內部整合 4 路繼電器控制電路、4 路開關輸入電路、網路介面晶片、供電模組等，可以方便的使用 PC、工業電腦、PLC…等進行控制，支援 MODBUS-TCP 協議，並可以透過網路配置工作參數。

INNO-4RD-NET 網路繼電器模組廣泛使用在工業控制、智慧農業、智慧家居、智慧大樓、門禁系統等領域。

INNO-4RD-NET 網路繼電器模組其規格如下：

- 供電電壓：9V-30VDC，更加方便
- 8 路繼電器接點相互獨立，每路繼電器接點容量：250VAC/10A,30VDC/10A，每路繼電器有一個常開輸出。
- 8 路輸入信號，全光電隔離
- 10M/100M 乙太網路自動頻寬選擇
- 32 位工業級單晶片微處理機，功能穩定。
- 支援 1 鍵恢復出廠預設值
- 可軟體配置各種工作參數，使用方便
- 支援 TCP server，TCP client，UDP server 連接方式。
- 工作在 TCP server 模式，最大支援 4 路長連接。
- 應用層支援： MODBUS RTU over TCP/IP，MODBUS RTU over UDP，MODBUS TCP/IP，自訂二進位，自訂字串，五種控制方式。
- 可以使用組態軟體直接控制。
- 也可以使用虛擬串列埠，在不改變原 MODBUS RTU 應用軟體的情況下直接控制。
- 支援 DHCP，動態獲取 IP 位址。
- .支持功能變數名稱解析，DNS，可以通過功能變數名稱解析獲得目標伺服器 IP，適合在使用動態 IP 的伺服器上使用。如：使用家用或公司電腦作為伺服器，使用花生殼系統進行動態功能變數名稱解析。
- 支援斷線重連，無限次自動重連。
- 尺寸：145*90*40mm（長*寬*高）

圖 53 INNO-4RD-NET 網路繼電器模組

讀者可以參考下圖所示之 Modbus TCP 繼電器模組接線示意圖，本裝置示透過有線乙太網路來傳輸控制命令與讀取資料，只要一組有線乙太網路與網路位址，就可以輕易透過網路連線來控制四組繼電器的閉合，進而控制大電流的家電啟用或關閉。

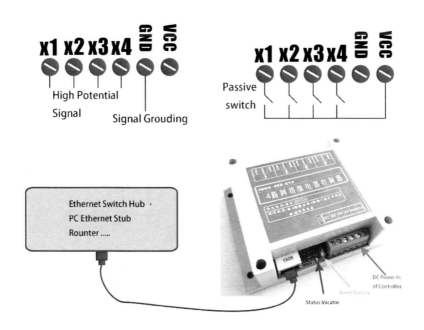

圖 54 INNO-4RD-NET 網路繼電器模組接線示意圖

在使用前，參考下圖.(a) 裝置電力接腳圖，使用 9V~30V 的 DC 直流電就可以了。

另外讀者如果需要讀取外界 IO 點資料，可以參考下圖.(b) 裝置電力接腳圖，本裝置可以讀取四組 IO2 點，不過示高電位的資料，請讀者注意。

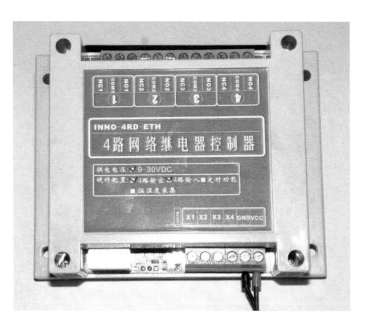

(a).裝置電力接腳圖

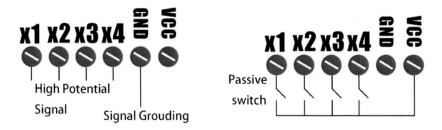

(b).輸入資料讀取腳位圖

圖 55 INNO-4RD-NET 網路繼電器模組之電力接腳與資料讀取腳位圖

電磁繼電器的工作原理和特性

電磁式繼電器一般由鐵芯、線圈、銜鐵、觸點簧片等組成的。如下圖.(a)所示，只要在線圈兩端加上一定的電壓，線圈中就會流過一定的電流，從而產生電磁效應，銜鐵就會在電磁力吸引的作用下克服返回彈簧的拉力吸向鐵芯，從而帶動銜鐵的動觸點與靜觸點（常開觸點）吸合(下圖.(b)所示)。當線圈斷電後，電磁的吸力也隨之消失，銜鐵就會在彈簧的反作用力下返回原來的位置，使動觸點與原來的靜觸點（常閉觸點）吸合(如下圖.(a)所示)。這樣吸合、釋放，從而達到了在電路中的導通、切斷的目的。對於繼電器的「常開、常閉」觸點，可以這樣來區分：繼電器線圈未通電時處於斷開狀態的靜觸點，稱為「常開觸點」(如下圖.(a)所示)。；處於接通狀態的靜觸點稱為「常閉觸點」(如下圖.(a)所示)(曹永忠, 2017; 曹永忠 et al., 2014a, 2014b, 2014c, 2014d)。

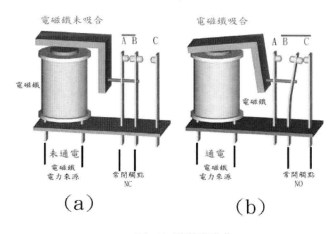

圖 56 電磁鐵動作

資料來源：(維基百科-繼電器, 2013)

由上圖電磁鐵動作之中，可以了解到，繼電器中的電磁鐵因為電力的輸入，產生電磁力，而將可動電樞吸引，而可動電樞在 NC 接典與ＮＯ接點兩邊擇一閉合。

由下圖.(a)所示，因電磁線圈沒有通電，所以沒有產生磁力，所以沒有將可動電樞吸引，維持在原來狀態，就是共接典與常閉觸點(NC)接觸；當繼電器通電時，由下圖.(b)所示，因電磁線圈通電之後，產生磁力，所以將可動電樞吸引，往下移動，使共接典與常開觸點(NO)接觸，產生導通的情形。

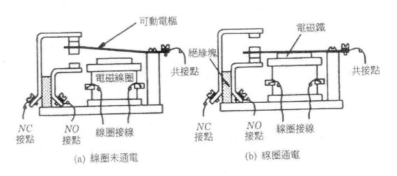

圖 57 繼電器運作原理

繼電器中常見的符號：

- COM（Common）表示共接點。
- NO（Normally Open）表示常開接點。平常處於開路，線圈通電後才與共接點 COM 接通（閉路）。
- NC（Normally Close）表示常閉接點。平常處於閉路（與共接點 COM 接通），線圈通電後才成為開路（斷路）。

繼電器運作線路

那繼電器如何應用到一般電器的開關電路上呢，如下圖所示，在繼電器電磁線圈的 DC 輸入端，輸入 DC 5V~24V(正確電壓請查該繼電器的資料手冊(DataSheet)得知)，當下圖左端 DC 輸入端之開關未打開時，下圖右端的常閉觸點與 AC 電流串接，與燈泡形成一個迴路，由於下圖右端的常閉觸點因下圖左端 DC 輸入端之開關未打開，電磁線圈未導通，所以下圖右端的 AC 電流與燈泡的迴路無法導通電源，所以燈泡不會亮。

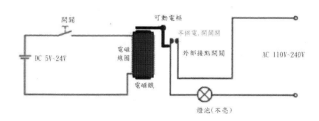

圖 58 繼電器未驅動時燈泡不亮

資料來源：(維基百科-繼電器, 2013)

　　如下圖所示，在繼電器電磁線圈的 DC 輸入端，輸入 DC 5V~24V(正確電壓請查該繼電器的資料手冊(DataSheet)得知)，當下圖左端 DC 輸入端之開關打開時，下圖右端的常閉觸點與 AC 電流串接，與燈泡形成一個迴路，由於下圖右端的常閉觸點因下圖左端 DC 輸入端之開關已打開，電磁線圈導通產生磁力，吸引可動電樞，使下圖右端的 AC 電流與燈泡的迴路導通，所以燈泡因有 AC 電流流入，所以燈泡就亮起來了。

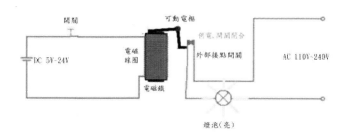

圖 59 繼電器驅動時燈泡亮

資料來源：(維基百科-繼電器, 2013)

　　由上二圖所示，輔以上述文字，我們就可以了解到如何設計一個繼電器驅動電路，來當為外界電器設備的控制開關了。

完成 INNO-4RD-NET 網路繼電器模組電力供應

如下圖所示，我們看 INNO-4RD-NET 網路繼電器模組之電源輸入端，本裝置可以使用 9~30V 直流電，我們使用 12V 直流電供應 Modbus RTU 繼電器模組。

圖 60 INNO-4RD-NET 網路繼電器模組之電源供應端

如下圖所示，筆者使用高瓦數的交換式電源供應器，將下圖所示之紅框區，+V 為 12V 正極端接到上圖之 VCC，-V 為 12V 負極端接到上圖之 GND，完成 INNO-4RD-NET 網路繼電器模組之電力供應。

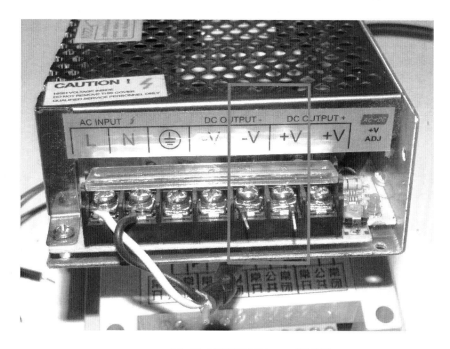

圖 61 電源供應器 12V 供應端

完成 INNO-4RD-NET 網路繼電器模組之通訊網路連接

如下圖所示，我們看 INNO-4RD-NET 網路繼電器模組之網路通訊端，我們使用一條普通的網路線(不要用 CrossOver 的網路線())，將一端插在如下圖.(a)之 INNO-4RD-NET 網路繼電器模組的網路插座，網路線另一端則插在如下圖.(b)有線網路插座(一般為 Switch Hub、Rounter…)，即可完成 INNO-4RD-NET 網路繼電器模組之通訊網路連接。

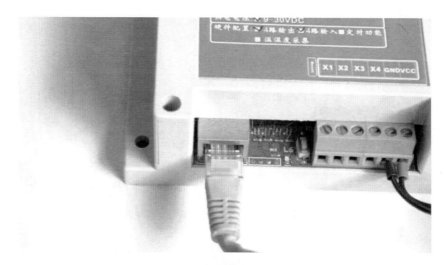

(a). INNO-4RD-NET 網路繼電器模組的網路通訊端

(b). 有線網路插座

圖 62 INNO-4RD-NET 網路繼電器模組之通訊網路連接

INNO-4RD-NET 網路繼電器模組之控制參數配置

購買濟南因諾資訊技術有限公司的 INNO-4RD-NET 網路繼電器模組，一般都會附上網路參數配置軟體，讀者也可以在筆者 Github，網址：https://github.com/brucetsao/Industry4_Relay/tree/master/Tools，找到『參數配置軟體.rar』，請讀者自行下載，安裝執行後，可以見到下圖所示的畫面。

圖 63 參數配置軟體主畫面

如下圖所示，請點選下圖紅框區，先行選擇網路卡。

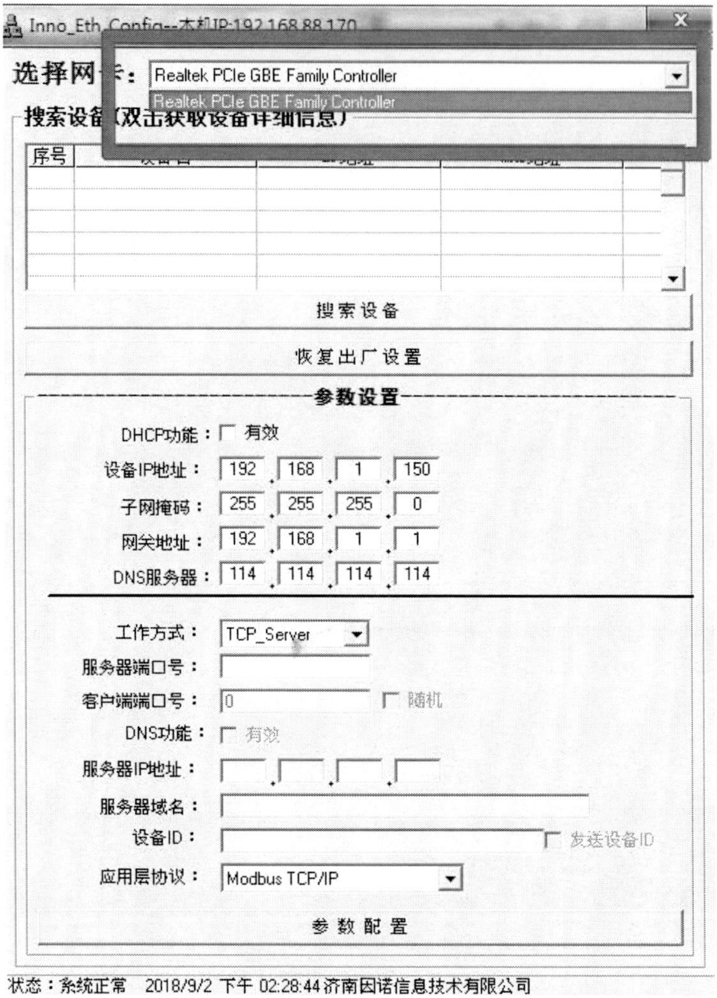

圖 64 選擇網路卡

如下圖所示，請點選下圖紅框區進行掃描裝置。

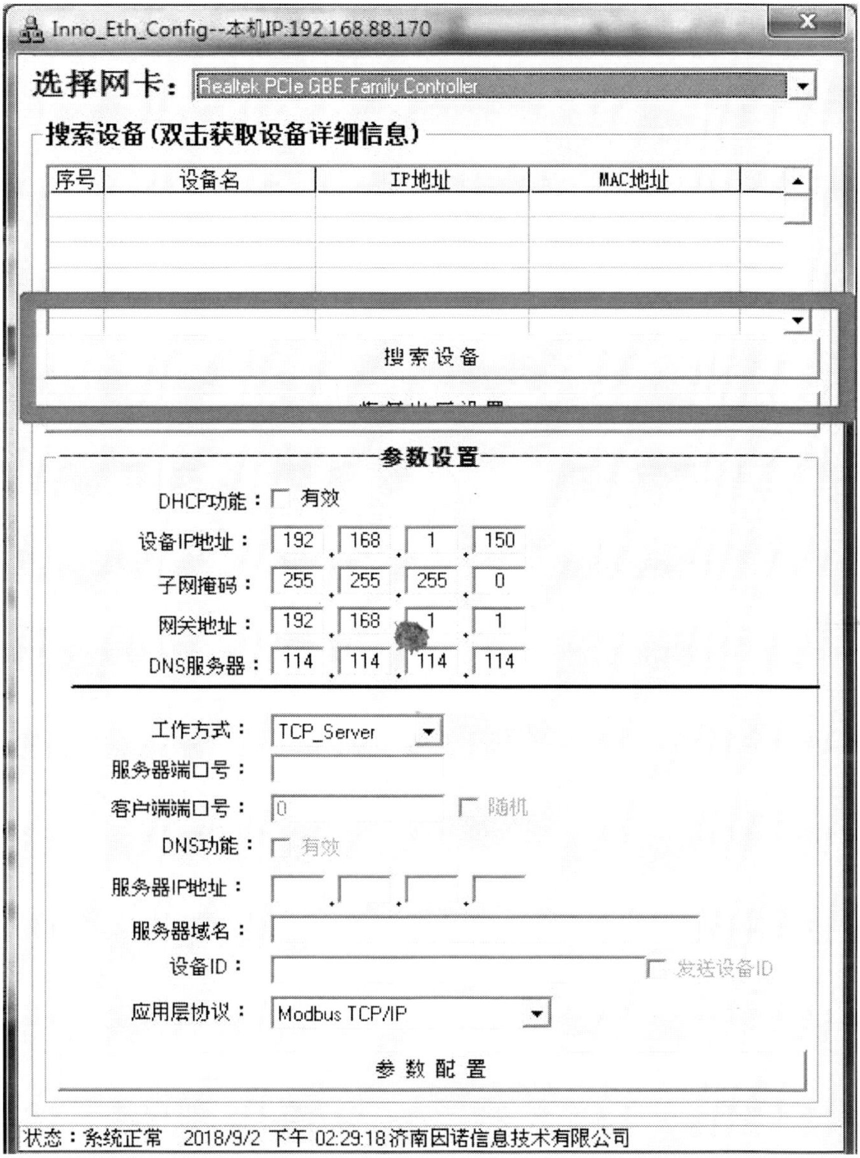

圖 65 參數配置軟體掃描裝置紐

如下圖所示的畫面，如果網路、電力、接線…等一切都正常，您會看到找到您的 INNO-4RD-NET 網路繼電器模組。

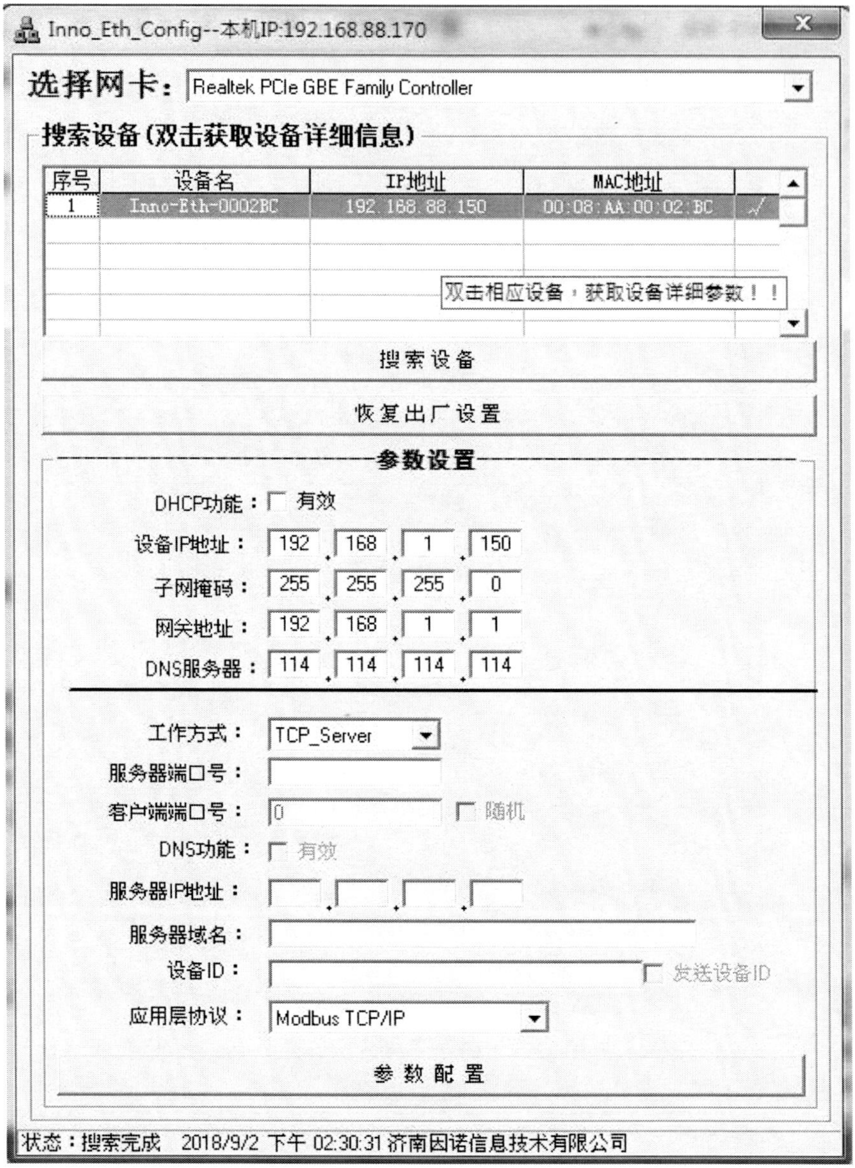

圖 66 找到裝置

如下圖所示的畫面，使用滑鼠點選您找到的 INNO-4RD-NET 網路繼電器模組，
會出現該 INNO-4RD-NET 網路繼電器模組目前的網路參數配置。

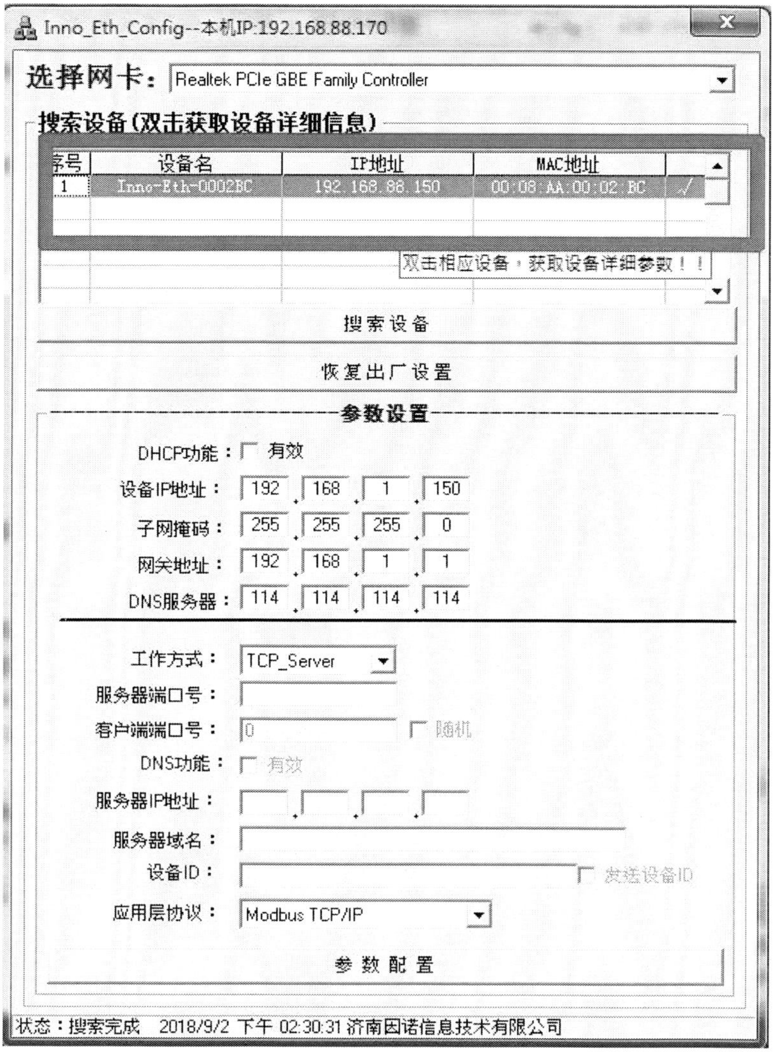

圖 67 點選預設定之裝置

　　如果讀者無法找到機器，請參考下圖所示之重置鍵。可以一鍵恢復出廠預設值，只要長按設備上的重置鍵就可以恢復出廠預設值。

圖 68 重置鍵

當您長按重置鍵之後，INNO-4RD-NET 網路繼電器模組會恢復出廠預設值，其
預設參數如下：

- MAC 地址：00:08:AA:xx:xx:xx
- IP 地址：192.168.1.150
- 子網路遮罩：255.255.255.0
- 閘道地址：192.168.1.1
- DHCP 功能：無效
- 工作模式：TCP_Server
- 伺服器埠號： 6000
- 用戶端埠號： 5500
- DNS 功能：有效
- 伺服器 IP 地址：0.0.0.0
- DNS 功能變數名稱：www.baidu.com
- 應用控制協定：Modbus TCP/IP
- 用戶端模式是否發送設備 ID：否

如下圖所示的畫面，如果網路、電力、接綫…等一切都正常，您會看到找到您

的 INNO-4RD-NET 網路繼電器模組。

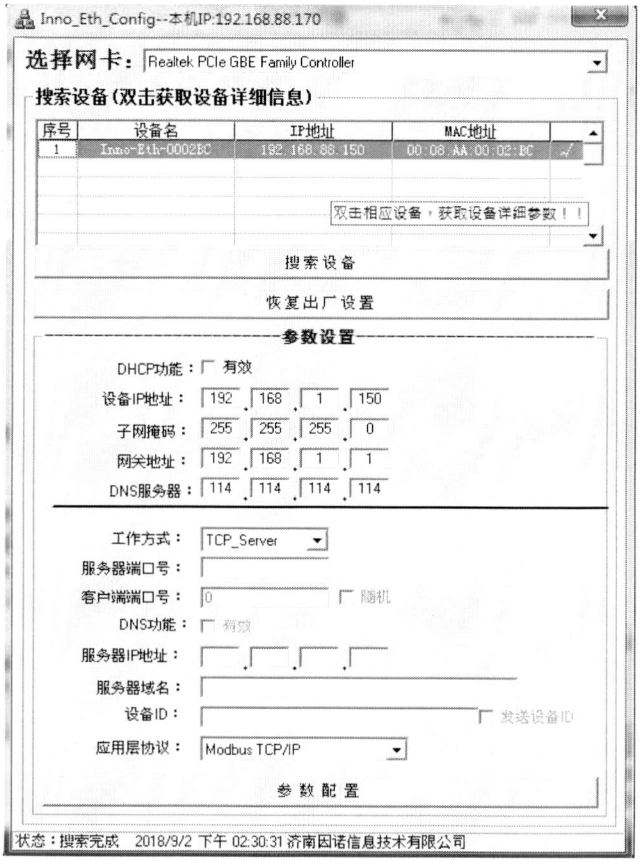

圖 69 找到裝置

我們按兩下找到裝置(下圖藍色區)，就可以查看該設備工作參
數

圖 70 網路參數配置參數描述

由上圖與上上圖所示，我們一一解釋這些參數功能：

● DHCP 功能：可以從路由器自動獲取 IP 位址，默認此功能無效。

● 設備 IP 位址，子網路遮罩，閘道位址，三個參數確保要設置正確，否則設備無法工作，主要保證閘道位址和設備 IP 在同一網段。

● DNS 伺服器：DNS 功能使能時，網路設備可以從 DNS 伺服器端獲取指定功能變數名稱的 IP 位址，進而與其該 IP 對應的伺服器進行資料通訊。

● 工作方式：含：TCP CLIENT、TCP SERVER、UDP SERVER 三種工作方式(如下圖所示)。

● 伺服器埠號：

　■　一般預設 6000

　■　工作在 TCP CLIENT 模式時，該埠號為要連接（connect）的伺服器的埠號。

- 工作在 TCP SERVER、UDP SERVER 模式時，該埠號為網路控制器要監聽（Listen）的埠號。

● 用戶端埠號：

- 一般預設 5000

- 工作在 TCP CLIENT 模式時可配置，網路設備選擇此埠號來連接遠端伺服器，埠號要大於：1024。"隨機"勾選的話，網路設備將隨機選擇一個埠號與伺服器進行通訊。

● DNS 功能：

- 工作在 TCP CLIENT 模式時可配置，主要用來通過伺服器功能變數名稱來獲取伺服器 IP

● 伺服器 IP，伺服器功能變數名稱：

- 工作在 TCP CLIENT 模式時可配置，任意時刻只能一項可配置。指定要連接（connect）的遠端伺服器的 IP 或者功能變數名稱。

● 是否發送設備 ID：

- 工作在 TCP CLIENT 模式時可配置，當設備 Connect 到伺服器時是否發送自身 ID 給伺服器，設備 ID 可配置，最大長度 30 個位元組。

● 應用層協定：

- MODBUS RTU over TCP/IP（TCP server，TCP Client 模式下有效）

- MODBUS RTU over UDP，（UDP server 模式下有效）

- MODBUS TCP（TCP server，TCP Client 模式下有效）

- 自訂二進位（均有效）

- 自訂字串（均有效）

如下圖所示，我們可以選擇我們需要的工作模式。

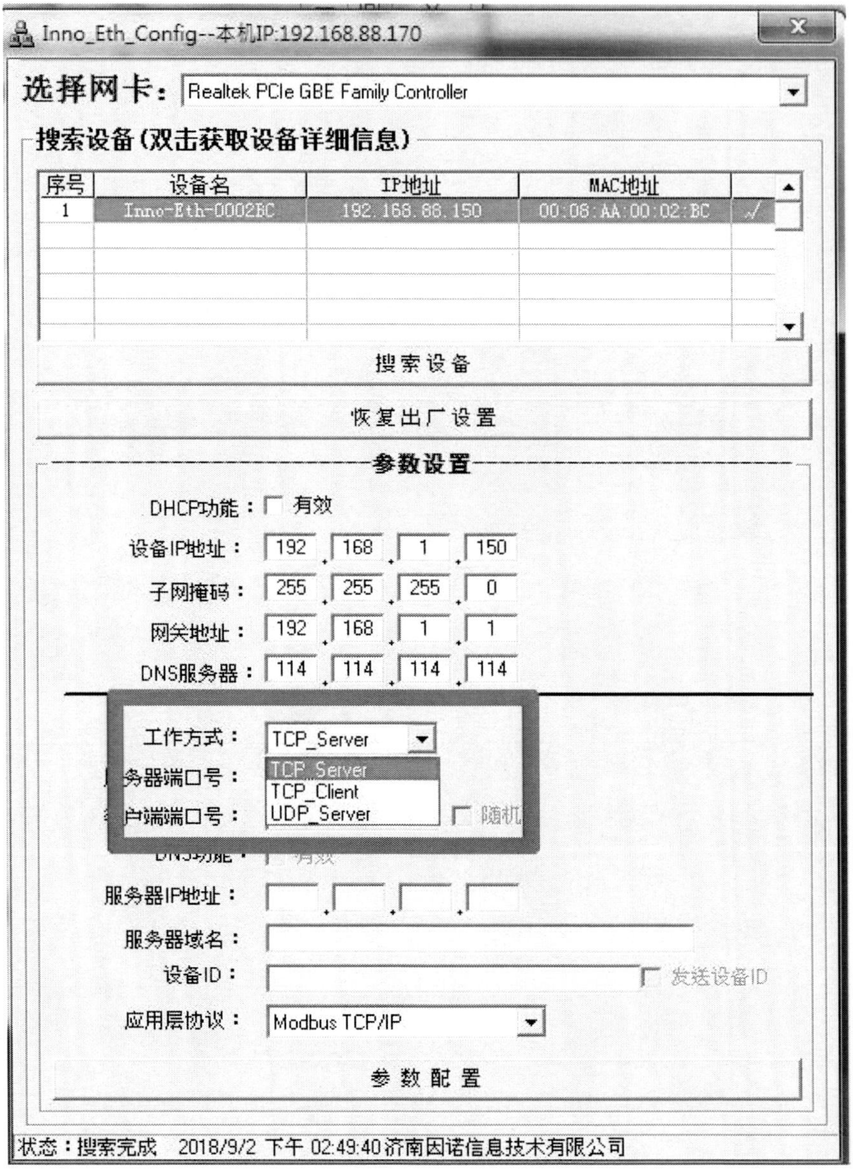

圖 71 設定工作方式

如下圖所示，我們可以選擇我們需要的工作模式。

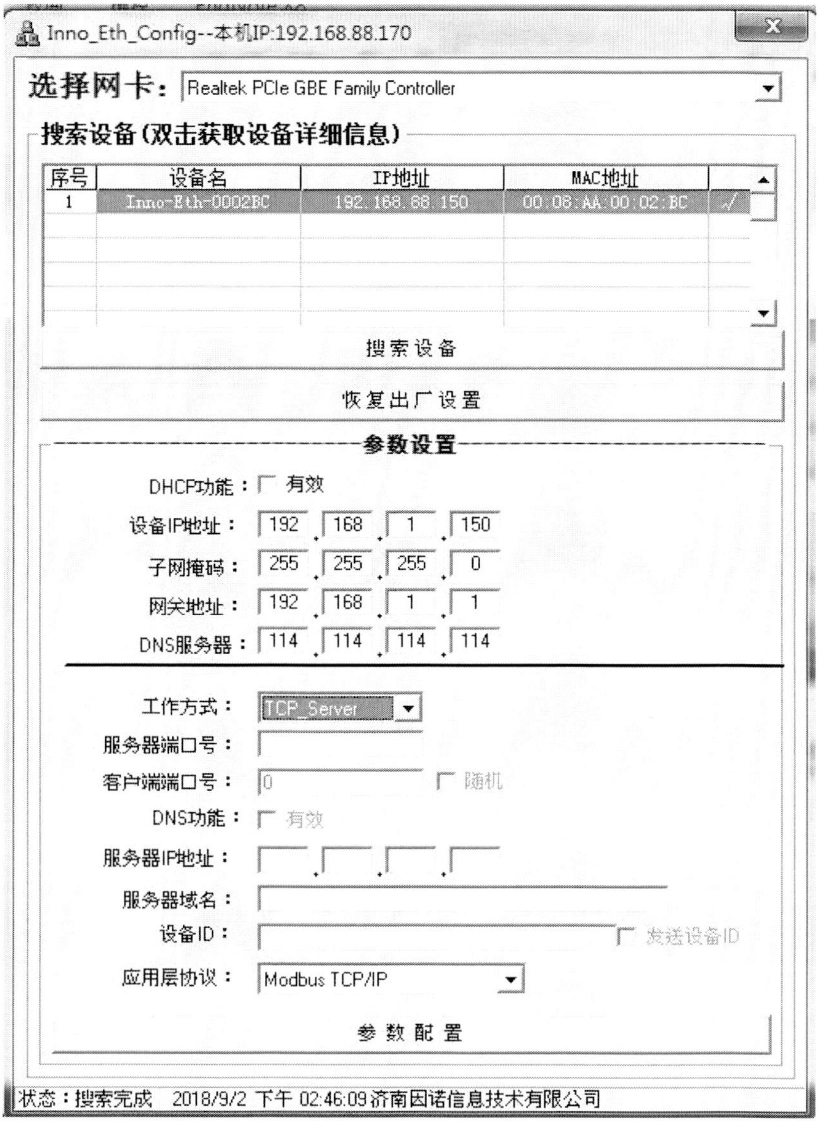

圖 72 設定我們要的工作方式

如下圖所示，我們可以設定工作埠號(Listening Port)。

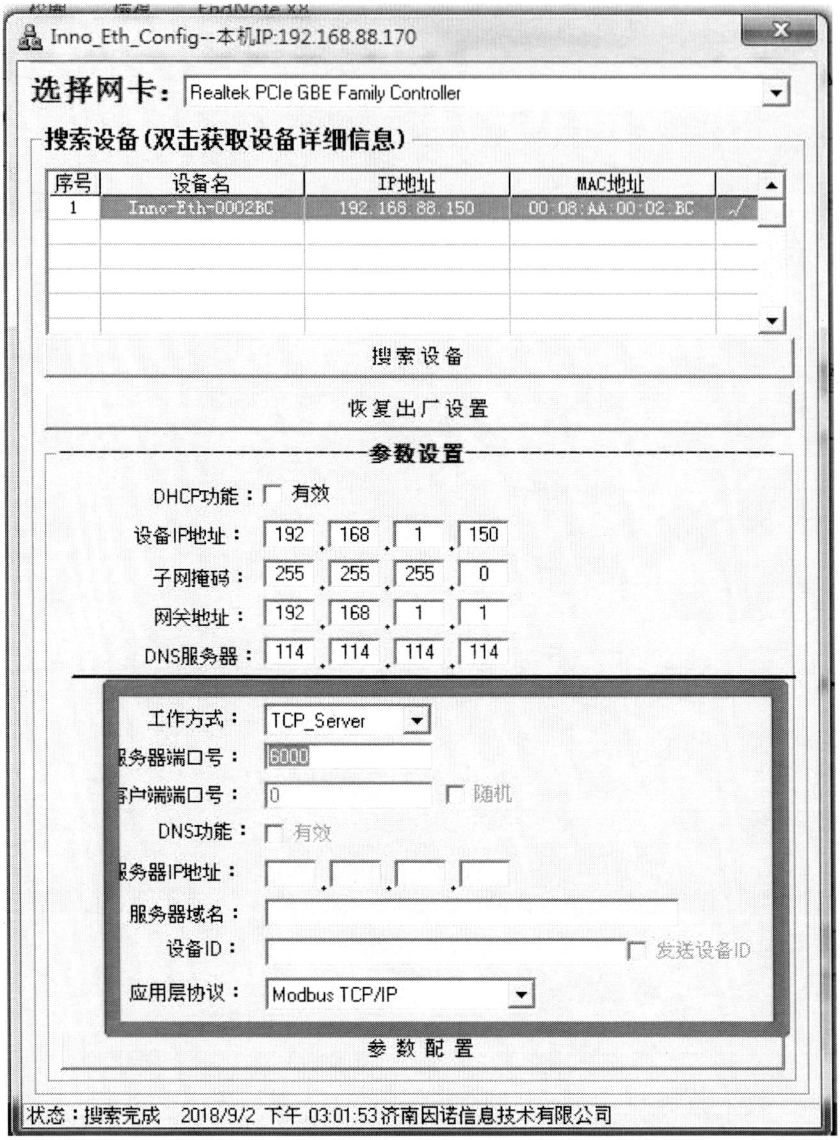

圖 73 設定工作 Port

基本上我們設定網路網址等資訊、工作方式與工作埠號(Listening Port)，就已足夠，點選下圖紅框處，進行網路參數配置存檔。

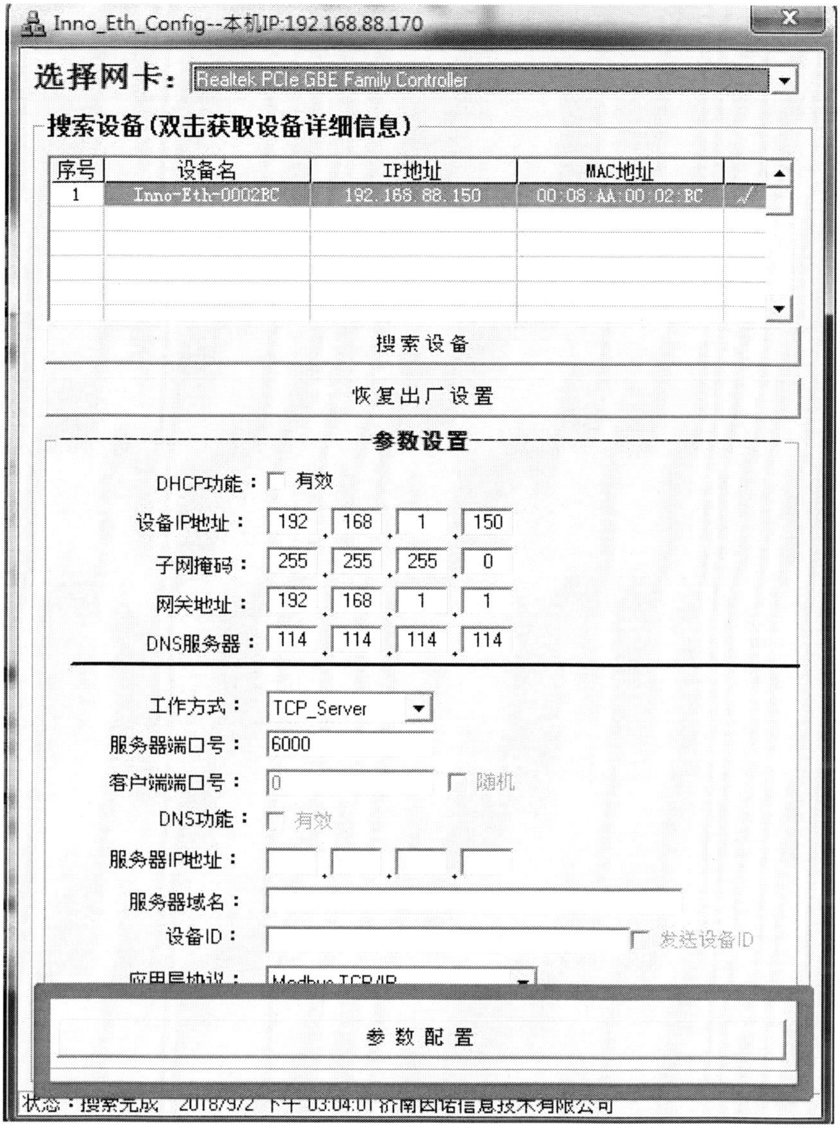
Inno_Eth_Config--本机IP:192.168.88.170
选择网卡：
Realtek PCIe GBE Family Controller
搜索设备(双击获取设备详细信息)
序号
设备名
IP地址
MAC地址
1
Inno-Eth-0002BC
192.168.88.150
00:08:AA:00:02:BC
搜索设备
恢复出厂设置
参数设置
DHCP功能：
有效
设备IP地址：
192
168
1
150
子网掩码：
255
255
255
0
网关地址：
192
168
1
1
DNS服务器：
114
114
114
114
工作方式：
TCP_Server
服务器端口号：
6000
客户端端口号：
0
随机
DNS功能：
有效
服务器IP地址：
服务器域名：
设备ID：
发送设备ID
参数配置

圖 74 儲存參數

通訊協定介紹

INNO-4RD-NET 網路繼電器模組遵循 MODBUS TCP 協定[2]，Modbus 通信協定具有多個版本，主要是由支援串列埠，也就是是 RS-485 匯流排，以太網路等版本，其中最著名的是 Modbus RTU[3],Modbus ASCII[4]和 Modbus TCP 三種。

其中 Modbus RTU 與 Modbus ASCII 均為支援 RS-485 匯流排的通信協定，其中 Modbus RTU 由於其採用二進位表現形式以及緊湊資料結構，通信效率較高，應用比較廣泛。

而 Modbus ASCII 由於採用 ASCII 碼傳輸，並且利用特殊字元作為其位元組的開始與結束標識，其傳輸效率要遠遠低於 Modbus RTU 協議，一般只有在通信資料量較小的情況下才考慮使用 Modbus ASCII 通信協定，在工業現場一般都是採用 Modbus RTU 協議，一般而言，大家說的基於串列埠通信的 Modbus 通信協定都是指 Modbus RTU 通信協定。

什麼是 Modbus 協定？

Modbus 是一種需求-回應協定，採用主從架構實作而成。 主從架構 (Master/Slave)的通訊作業會成雙成對的出現，必須有個裝置啟動需求並等候回應，

---

[2] Modbus 通信協議由 Modicon 公司（現已經為施耐德公司並購，成為其旗下的子品牌）于 1979 年發明的，是全球最早用於工業現場的匯流排規約。由於其免費公開發行，使用該協議的廠家無需繳納任何費用，Modbus 通信協議採用的是主從通信模式（即 Master/Slave 通信模式），其在分散控制方面應用極其廣泛，從而使得 Modbus 協議在全球得到了廣泛的應用。

[3] Modbus RTU 是一種緊湊的，採用二進位表示資料的方式

[4] Modbus ASCII 是一種人類可讀的，冗長的表示方式

也就是說，這個啟動需求的裝置 (主要裝置：Master) 會負責啟動每一次互動。

　　一般而言，主要裝置會是人機介面 (HMI) 或監控與資料擷取 (SCADA[5]) 系統，附屬裝置則是感測器、程式化邏輯控制器 (PLC[6]) 或程式化自動控制器 (PAC[7])。 這些需求和回應的內容、傳送訊息所經過的網路層，都是由此協定的不同層級所定義的。

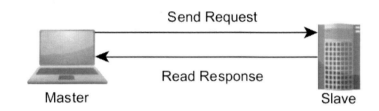

圖 75 主從網路關係

資料來源：NI 國家儀器(網址：http://www.ni.com/white-paper/52134/zht/

Modbus 協定層級

Modbus 串列埠為基礎的單一協定，所以無法像 TCP/IP 有七層協定，但仍將定

---

[5]資料採集與監控系統（英語：Supervisory Control and Data Acquisition，縮寫為 SCADA）一般是有監控程式及資料收集能力的電腦控制系統。

[6]可程式邏輯控制器（Programmable Logic Controller，簡稱 PLC），一種具有微處理器的數位電子裝置，用於自動化控制的數位邏輯控制器，可以將控制指令隨時載入記憶體內儲存與執行。可程式控制器由內部 CPU，指令及資料記憶體、輸入輸出單元、電源模組、數位類比等單元所模組化組合成。PLC 可接收（輸入）及發送（輸出）多種型態的電氣或電子訊號，並使用他們來控制或監督幾乎所有種類的機械與電氣系統

[7] PAC (Programmable Automation Controller，可程式化自動控制器) 則是 PLC 進階版，除了包含傳統 PLC 的功能外，還具有更廣泛的性能 ，更能適應自動化測試的需求

義了協定資料單元 (PDU)，與定義了應用資料單元 (ADU)。

協定資料單元 (PDU)

Modbus PDU 格式定義為函式代碼，接著是一組相關的資料集。函式代碼會定義這筆資料的大小和內容，而且整個 PDU (函式代碼和資料) 的大小不得超過 253 位元。

Modbus 的資料存取方式和 Modbus 資料模式

一般來說，可透過 Modbus 存取的資料會存放在四種資料組間或位址範圍：Coil、離散輸入、保存暫存器、輸入暫存器。 如同大多數的規格一樣，名稱可能會因為產業或應用而有所不同。舉例來說，保存暫存器也可能稱為輸出暫存器，Coil 則可能稱為數位或離散輸出。這些資料組間定義了其中資料的類型和存取權限。

Modbus 可存取的資料通常是裝置主要記憶體的子資料集。相反的，Modbus 主要裝置必須透過不同的函式代碼，才能提出這些資料的存取需求。每個區塊的行為如下表所示。

表格 14 Modbus 資料模式區塊

記憶體區塊	資料類型	主機裝置存取	附屬裝置存取
Coil	Boolean	讀/寫	讀/寫
離散輸入	Boolean	僅讀取	讀/寫
保存暫存器	無正負號資料	讀/寫	讀/寫
輸入暫存器	無正負號資料	僅讀取	讀/寫

資料來源：NI 國家儀器(網址：http://www.ni.com/white-paper/52134/zht/

資料模式的位址設定

此規格定義了每個區塊，位址空間最多可容納 65,536　個元素。 就 PDU 的定義而言，Modbus　定義了每個資料元素的位址，範圍從 0　開始到 65,535。 然而，每個資料元素會從 1　到 n　開始編號，n　的最大值是 65,536。 也就是說，Coil 1　位於 Coil　區塊的位址 0，保存暫存器 54　則是位於附屬裝置定義為保存暫存器的記憶體區塊中的位址 53。

規格可容許的完整範圍不一定要透過特定裝置才能實作。 舉例來說，裝置可選擇不要實作 Coil、離散輸入或輸入暫存器，而是僅使用編號 150～175　和 200～225　的暫存器。

資料位址設定範圍

雖然此規格會把不同的資料類型定義為不同區塊內既有的類型，並且指派本端的位址範圍給每個類型，但卻不一定會是直覺式的位址設定機制，可能無法滿足建檔需求或有助於理解特定裝置中 Modbus　可存取的記憶體。

為了簡化記憶體區塊位置的討論，我們會介紹一個編號機制，可以在資料位址加上前置詞。

舉例來說，裝置手冊可能不會把某個項目稱為位址 13　的保存暫存器 14，而是以位址 4,014、40,014　或 400,014　來指稱某個資料項目。

就每個情況而言，第一個數字 4　代表了保存暫存器位址(號碼)，其餘的數字則是代表位址。 4XXX、4XXXX 和 4XXXXX 取決於裝置所使用的位址空間。

如果全部 65,536　個暫存器都用到了，就應該會用到 4XXXXX 的編號方式，因為可允許的範圍是 400,001　到 465,536。

但如果只使用一部分的暫存器，常見的做法就是採用 4,001 到 4,999 的範圍。
如下表所示，就此位址設定機制而言，每個資料類型都會指派前置詞。

表格 15 資料範圍前置詞

資料區塊	前置詞
Coil	0
離散輸入	1
輸入暫存器	3
保存暫存器	4

資料來源：NI 國家儀器(網址：http://www.ni.com/white-paper/52134/zht/

Coil 的前置詞是 0。 也就是說，參考 4001 可能是指：保存暫存器 1 或 Coil 4001。

因此，許多地方會建議實作採用 6 位元、0 開頭的位址設定機制，並且在說明文件中明確標示。 所以保存暫存器 1 會是 400,001，Coil 4001 則是 004,001。

資料位址起始值

特定應用所選擇的索引方式還會進一步讓記憶體位址與參考編號之間的差別變得更複雜。 如之前所述，保存暫存器 1 位於位址 0。

一般來說，參考編號的索引方式以 1 為主，也就是說，特定範圍的起始值是 1。 所以 400,001 直接代表保存暫存器 00001，位於位址 0。 有些實作方是的範圍起始值是 0，也就是說 400,000 代表了位址 0 的保存暫存器。

下表所示之暫存器索引設定機制，說明了這個概念。

表格 16 暫存器索引設定機制

地址	暫存器編號	編號 (1 索引，標準方式)	編號 (0 索引，替代方式)
0	1	400001	400000
1	2	400002	400001
2	3	400003	400002

資料來源：NI 國家儀器(網址：http://www.ni.com/white-paper/52134/zht/

資料 Endianness

只要在兩個暫存器之間分割資料，就可以透過 Modbus 輕鬆傳輸多暫存器資料，例如單精度浮點數值。 因為標準並未定義這種狀況，所以這種分割方式的 Endianness (也就是位元順序) 也沒有定義方式。

雖然每個無正負號的字詞必須以網路 (big-endian) 的位元順序傳送出去才能符合標準規定，很多裝置都會針對多位元資料採用相反的位元順序。 下圖所示之多字詞資料的位元順序交換，為不太常見卻有效的反向範例。

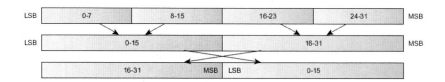

圖表 76 多字詞資料的位元順序交換

資料來源：NI 國家儀器(網址：http://www.ni.com/white-paper/52134/zht/

主要裝置會負責了解附屬裝置把資訊儲存至記憶體、有效解碼的方式。

許多資料顯示，建議說明文件必須明確標示系統所使用的字詞順序， 如果必須確保實作彈性，也可把 Endianness 加入系統的設定選項，搭配基本的編碼與解碼功能。

字串

Modbus 暫存器可以輕鬆儲存字串。 為了簡單起見，有些實作方式會規定字串長度必須是 2 的倍數，多餘的空間則以 0 值填入。 位元順序也會影響字串互動。字串格式可能會也可能不會包含做為最後數值的 0 值。

如下圖所示之 Modbus 字串中反向的位元順序，說明了這種變化的裝置儲存資料的方式。

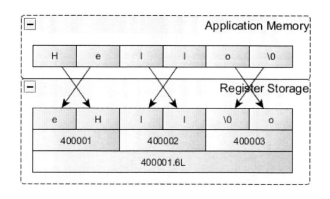

圖表 77 Modbus 字串中反向的位元順序

資料來源：NI 國家儀器(網址：http://www.ni.com/white-paper/52134/zht/

了解函式代碼

資料模式會因為裝置而有所不同，甚至差異甚大，相反的，標準皆明確定義了函式代碼和其資料。 每個函式都具有特定的樣式。 首先，附屬裝置會檢驗函式產生器、資料位址和資料範圍等輸入內容。 接著會執行所需的行動，並且把合適的回應傳送至程式碼。 如果此程序有任何步驟出錯，就會把例外回傳至提出需求的裝置。 負責這些需求的資料運輸工具就是 PDU。

Modbus PDU

PDU 包含一個位元的函式代碼，後面最多可加上 252 個位元的函式專屬資料(如下圖所示)。

0   1   253 max

圖表 78 Modbus PDU

資料來源：NI 國家儀器(網址：<u>http://www.ni.com/white-paper/52134/zht/</u>)

封包大小的限制是 253 位元，所以裝置會受限於可傳輸的資料量。 最常見的函式程式碼可以從附屬裝置的資料模式傳輸 240 到 250 位元的實際資料，視程式碼而定。

TCP/IP

TCP ADU 包含了 Modbus Application Protocol (MBAP) Header，透過 Modbus PDU 連接起來。 MBAP 是一種通用的標頭，仰賴穩定的網路層。 下圖所示之 TCP/IP ADU，顯示了這個 ADU 的格式，其中也包含標頭在內。

Transaction	Protocol	Length	Unit ID	Modbus PDU

圖表 79 TCP/IP ADU

資料來源：NI 國家儀器(網址：http://www.ni.com/white-paper/52134/zht/)

標頭的資料欄位說明了其用途，首先，其中包含了傳輸識別碼。 如果網路上有多項需求同時進行，就會用到這個傳輸識別碼。

也就是說，主要裝置可以傳送需求 1、2、3 的傳輸識別碼，而附屬裝置就會以 2、1、3 的傳輸識別碼順序加以回應，然後主要裝置就可以把透過傳輸識別碼，準確比對至回應和分割資料與重組資料。

協定識別碼通常是 0，不過可用來放大協定的行為。 協定會使用長度欄位來表示剩餘封包的長度。 此元素的位置也證明了標頭格式必須仰賴穩定的網路層。 因為 TCP 封包具有內建的錯誤檢查資訊，可確保資料的相關性與傳輸，所以封包長度可能位於標頭的任何位置。 如果是內部比較不穩定的網路，像是序列網路，封包可能會遺失，所以就算應用程式所讀取的資料串流包含有效的傳輸與協定資訊，損毀的長度資訊也會造成標頭無效。 TCP 可針對此狀況提供合理的保護措施。

TCP/IP 裝置通常不會使用 Unit ID。 然而，因為 Modbus 是相當常見的協定，已開發出許多閘道，所以會把 Modbus 協定轉換成另一個協定。 就原先設定的用途而言，序列閘道的 Modbus TCP/IP 可以在全新 TCP/IP 網路和較串列埠匯流排網路之間建立連線。 在此環境下，Unit ID 會用來判斷 PDU 實際目標的附屬裝置位址。

最後，ADU 還包含一個 PDU。 就標準協定而言，這個 PDU 的長度仍然限於 253 個位元。

RTU

如下圖所示，RTU ADU 看起來比較簡單。

圖表 80 RTU ADU

資料來源：NI 國家儀器(網址：http://www.ni.com/white-paper/52134/zht/)

不同於較為複雜的 TCP/IP ADU，這個 ADU 除了核心 PDU 之外還包含了兩項資訊： 首先是一個位址，用來定義 PDU 目標的附屬裝置。 就大部分的網路而言，位址 0 代表廣播位址。也就是說，主要裝置可能會把輸出指令傳送至位址 0，所有的附屬裝置都會處理此需求，但不會加以回應。

除了此位址之外，還有一個 CRC 會用來確保資料的完整度。

然而，真實情況卻沒有這麼簡單。 包圍此封包的是一組靜止時間，也就是說這段期間內匯流排不會有任何通訊。 如果鮑率是 9,600 的話，該比例大約是 4 ms。無論鮑率為何，標準所定義的最小靜止時間是 2 ms 以內。

ASCII

如下圖所示，ASCII ADU 比 RTU 還複雜，卻能夠避免許多 RTU 封包的問題，不過還是有一些缺點。

0x3A ":"	Address (ASCII)	Modbus PDU (ASCII)	LRC (ASCII)	0x0D CR	0x0A LF

圖表 81 ASCII ADU

資料來源：NI 國家儀器(網址：http://www.ni.com/white-paper/52134/zht/

ASCII ADU 可以解決決定封包大小的問題，並且針對每個封包提供完整定義且獨特的開始與結尾。 也就是說，每個封包開始都是 :，結尾都是歸位 (CR) 和換行 (LF)。

ASCII ADU 的缺點在於所有資料都會做為透過 ASCII 編碼而成的十六進位字元傳輸出去。 也就是說，不會針對函式代碼 3 傳送單一位元，而是傳送 ASCII 字元 0 和 3，或是 0x30/0x33。

如此一來，此協定便有利於人工閱讀，但也代表必須透過序列網路傳輸兩倍的資料，而且傳送與接收應用程式必須能夠分割 ASCII 數值。

實際測試

測試工具

購買濟南因諾資訊技術有限公司的 INNO-4RD-NET 網路繼電器模組，一般都會附上串列埠助手軟體(Netassist)，讀者也可以在筆者 Github，網址：https://github.com/brucetsao/Industry4_Relay/tree/master/Tools，找到『NetAssist.rar』，請讀者自行下載，本軟體為綠色軟體，不需要安裝直皆可以執行，執行後可以見到下圖所示的畫面。

圖表 82 NETASSIST 主畫面

　　首先，我們必須先選擇通訊協議，如下圖紅框所示，我們先選『TCP Client』為通訊協議。

圖表 83 選擇通訊協議

　　接下來，我們必須輸入要連接的 INNO-4RD-NET 網路繼電器模組的網址，請讀者參考上面之：INNO-4RD-NET 網路繼電器模組網路設定等相關章節，如下圖紅框處所示，本文設定 INNO-4RD-NET 網路繼電器模組裝置網址為：191.68.88.150。

圖表 84 設定裝置網址

　　接下來，我們必須輸入要連接的 INNO-4RD-NET 網路繼電器模組的通訊埠，請讀者參考上面之：INNO-4RD-NET 網路繼電器模組網路設定等相關章節，如下圖紅框處所示，本文設定 INNO-4RD-NET 網路繼電器模組裝置通訊埠為：6000。

圖表 85 設定裝置通訊埠

如下圖紅框處所示，我們按下連接按鈕，進行與裝置連接與通訊。

圖表 86 連接裝置

如下圖紅框處所示，如果出現『00』，則代表我們已成功與裝置進行連接與通訊。

圖表 87 連接裝置成功

為了發送控制命令，由於本文介紹的控制命令都是用 16 進位碼方式呈現，如下圖紅框處所示，我們先切換 16 進位模式發送資料。

圖表 88 切換 16 進位模式發送資料

如下圖紅框處所示，我們輸入區輸入控制碼，我們輸入『00 21 00 00 00 06 01 01 00 00 00 04』。

圖表 89 輸入區輸入控制碼

如下圖紅框處所示之『發送紐』，我們可以按下『發送紐』來將輸入的控制碼：

『00 21 00 00 00 06 01 01 00 00 00 04』發送到 INNO-4RD-NET 網路繼電器模組。

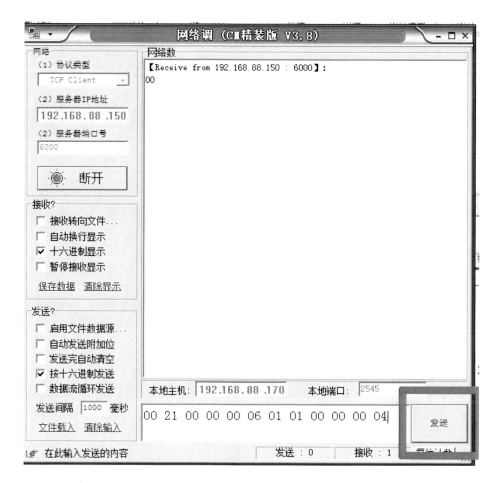

圖表 90 發送控制碼

如下圖紅框處所示之『00 21 00 00 00 04 01 01 01 00』，就是 INNO-4RD-NET 網路繼電器模組收到控制碼：『00 21 00 00 00 06 01 01 00 00 00 04』之後，將 INNO-4RD-NET 網路繼電器模組內的繼電器狀態讀回。

圖表 91 控制碼回應資訊

　　上面我們已經介紹，如何用串列埠助手軟體(Netassist)(網址：

https://github.com/brucetsao/Industry4_Relay/tree/master/Tools)，針對如何與

INNO-4RD-NET 網路繼電器模組進行連接，通訊、發送資料與讀回資料逐一介紹，

至於對這些控制命令與回傳直，我們下章節會再多加介紹。

控制命令

本文我們針對濟南因諾資訊技術有限公司的 INNO-4RD-NET 網路繼電器模組，介紹其控制命令與回傳資訊

由於 MODBUS TCP 協議，Tcp ModBus 相對於串列埠通訊的 ModBus，去掉了從機位址(Slave)、校驗碼(CRC16)，因為 TCP 通訊協定已經確保了兩個裝置的連接，而且 Tcp 通訊協定的校驗也可確保傳輸資料的準確性。

如下圖所示，.Tcp ModBus 增加了 MBAP Header：

圖表 92 MBAP Header

可以看出來，MBAP Header 主要增加了以下附加資訊，為了識別是請求還是回應而設置的傳輸標誌(2 個位元組，通常為 0，用戶端發出的檢驗資訊，伺服器端只是需要將這兩個位元組的內容複製以後再放到回復 MBAP Header 的相應位置就可以)、為了判斷協定類型設置的協定標誌(2 個位元組，0=MODBUS 協定)、為了區分可變長度資料 Frame 結束，就是資料 Frame 長度(從下一個位元組起至結束的長度，2 個位元組)、 還有用於標識從站(Slave)位址的單元標誌(1 個位元組，即從站位址)，與 RTU 不同的是，從站(Slave)位址放在了 MBAP Header Frame 裡。

PDU 單元與 MODBUS RTU 資料內容基本相同，由於有 TCP/IP和鏈路層（乙太網）校驗和機制所以去掉了 CRC 校驗碼，從站(Slave)位址也放在了 MBAP Header

Frame 裡。

Modbus TCP 協議報文格式主要可分為兩段，MBAP 和 PDU，

MBAP:

名稱 字節數 位號 描述

------------ --------- ------------

事物標識符 2 1-2 由服務器複製返回，通常為\x00\x00

協議表示符 2　　　3-4 通常為\x00\x00

數據長度 2　　　5-6傳送數據總長度，高位通常\x00(數據不超過 256)，低位為

後續字節長度

單元標識符 1　　　7 通常為\x00

PDU:

名稱 字節數 位號 描述

------------ --------- ------------

功能碼 1 8 定義功能

起始寄存器 2　　　9-10 操作的寄存器起始位

寄存器/數據 2　　　11-12讀/多個寫模式下，為寄存器數量，單個寫模式為寫入

數據

	序号	意义	所占字节	字节存放格式
	1	事务处理标识	两个字节	高字节在前
	2	协议标识	两个字节	高字节在前
读寄存器请求	3	长度	两个字节	高字节在前
	4	单元标识	1个字节	$0x00 - 0xff$
	6	功能码	1个字节	$0x03$
	7	起始寄存器基地址	两个字节	高字节在前
	8	寄存器个数	两个字节	高字节在前

- 事务处理标识，该标识在主机和从机都是一样的，亦即是说从机收到
  MODBUS 协议包时，该标识原封不动地回传给主机。
- 协议标识，0 表示 MODBUS 协议。
- 长度，该长度是指紧跟其后的数据长度。
- 单元标识，和 RTU 的地址是一样的。

	序号	意义	所占字节	字节存放格式
	1	事务处理标识	两个字节	高字节在前
	2	协议标识	两个字节	高字节在前
	3	长度	两个字节	高字节在前
读寄存器回应	4	单元标识	1个字节	$0x00 - 0xff$
	5	功能码	1个字节	$0x03$
	6	数据长度	1个字节	寄存器个数×2
	7	数据	寄存器个数×2个字节	每个寄存器高字节在前

	序号	意义	所占字节	字节存放格式
	1	事务处理标识	两个字节	高字节在前
	2	协议标识	两个字节	高字节在前
	3	长度	两个字节	高字节在前
写单个寄存器请求	4	单元标识	1个字节	$0x00 - 0xff$
	5	功能码	1个字节	$0x10$
	6	寄存器地址	两个字节	高字节在前
	7	寄存器值	两个字节	高字节在前

写单个寄存器回应

序号	意义	所占字节	字节存放格式
1	事务处理标识	两个字节	高字节在前
2	协议标识	两个字节	高字节在前
3	长度	两个字节	高字节在前
4	单元标识	1个字节	$0x00 - 0xff$
5	功能码	1个字节	$0x10$
6	寄存器地址	两个字节	高字节在前
7	寄存器值	两个字节	高字节在前

写多个寄存器请求

序号	意义	所占字节	字节存放格式
1	事务处理标识	两个字节	高字节在前
2	协议标识	两个字节	高字节在前
3	长度	两个字节	高字节在前
4	单元标识	1个字节	$0x00 - 0xff$
5	功能码	1个字节	$0x10$
6	起始寄存器地址	两个字节	高字节在前
7	寄存器个数	两个字节	高字节在前
8	数据长度	1个字节	寄存器个数×2
9	数据	寄存器个数×2个字节	每个寄存器高字节在前

写多个寄存器回应

序号	意义	所占字节	字节存放格式
1	事务处理标识	两个字节	高字节在前
2	协议标识	两个字节	高字节在前
3	长度	两个字节	高字节在前
4	单元标识	1个字节	$0x00 - 0xff$
5	功能码	1个字节	$0x10$
6	起始寄存器地址	两个字节	高字节在前
7	寄存器个数	两个字节	高字节在前

错误返回

序号	意义	所占字节	字节存放格式
1	事务处理标识	两个字节	高字节在前
2	协议标识	两个字节	高字节在前
3	长度	两个字节	高字节在前
4	单元标识	1个字节	$0x00 - 0xff$
5	功能码	1个字节	请求功能码+$0x80$
6	错误码	1个字节	其代号见上面表格

控制命令測試

讀取4路繼電器狀態：

我們要知道目前 INNO-4RD-NET 網路繼電器模組中，四路繼電器的開啟、閉合狀態，如下圖所示，PDU 控制碼如下圖所示：

请求 PDU

功能码	1 个字节	**0x01**
起始地址	2 个字节	0x0000 至 0xFFFF
线圈数量	2 个字节	1 至 2000（0x7D0）

响应 PDU

功能码	1 个字节	0x01
字节数	1 个字节	N*
线圈状态	N 个字节	n＝N 或 N+1

圖表 93讀取4路繼電器狀態PDU控制碼

發送資料：Tx:00 21 00 00 00 06 01 01 00 00 00 04

Modbus控制命令解釋如下：

表 17 讀取四路繼電器狀態控制碼

MBAP Header				功能碼	數據	
傳輸標誌	協定標誌	長度	單元標誌	功能碼	起始位址	讀出數量
00 21	00 00	00 06	01	01	00 00	00 04

回應資料 Frame：00 21 00 00 00 04 01 01 01 00

如下圖紅框處所示之『00 21 00 00 00 04 01 01 01 00』，就是 INNO-4RD-NET 網路繼電器模組收到控制碼：『00 21 00 00 00 06 01 01 00 00 00 04』之後，將 INNO-4RD-NET 網路繼電器模組內的繼電器數量讀回。

圖表 94 控制碼回應資訊

下表為回傳四路繼電器狀態碼 的控制碼

表 18 回傳四路繼電器狀態碼

MBAP Header				功能碼	數據	
傳輸標誌	協定標誌	長度	單元標誌	功能碼	輸出有效位元組數	4路輸出狀態
00 21	00 00	00 05	01	01	01	00

4 路繼電器狀態為 0x00，解釋如下：

表 19 繼電器狀態碼一覽表

Bit 7	Bit 6	Bit 5	Bit 4	Bit 3	Bit 2	Bit 1	Bit 0
無	無	無	無	繼電器4	繼電器3	繼電器2	繼電器1
0	0	0	0	1	1	1	1

1 代表繼電器閉合，0 代表繼電器斷開，0F 指 4 路繼電器全部處於閉合狀態，00 指 4 路繼電器全部處於斷開狀態。

讀取4路輸入端狀態：

我們要知道目前 INNO-4RD-NET 網路繼電器模組中,四路輸入端資料的狀態，如下圖所示，PDU 控制碼如下圖所示：

请求 PDU

功能码	1 个字节	0x02
起始地址	2 个字节	0x0000 至 0xFFFF
输入数量	2 个字节	1 至 2000（0x7D0）

响应 PDU

功能码	1 个字节	0x82
字节数	1 个字节	N*
输入状态	N*×1 个字节	

圖表 95 讀取四路輸入端資料的狀態 PDU 控制碼

發送資料：Tx: 00 21 00 00 00 06 01 02 00 00 00 04

Modbus控制命令解釋如下：

表 20 讀取四路輸入端資料狀態控制碼

MBAP Header				功能碼	數據	
傳輸標誌	協定標誌	長度	單元標誌	功能碼	起始位址	讀出數量
00 21	00 00	00 06	01	02	00 00	00 04

回應資料 Frame：00 21 00 00 00 04 01 02 01 00

如下圖紅框處所示之『00 21 00 00 00 04 01 02 01 00』，就是 INNO-4RD-NET 網路繼電器模組收到控制碼：『00 21 00 00 00 06 01 02 00 00 00 04』之後，將 INNO-4RD-NET 網路繼電器模組內的輸入端資料狀態讀回。

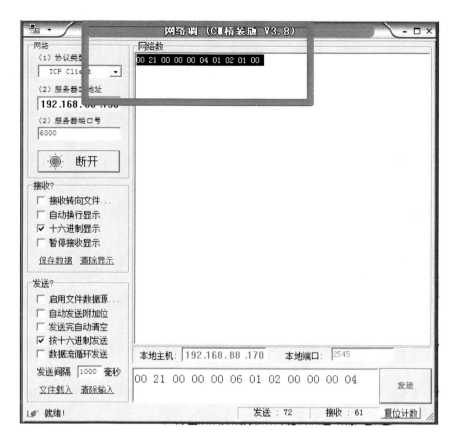

圖表 96 輸入端資料狀態回應資訊

下表為回傳輸入端資料狀態碼 的控制碼

表 21 回傳四路繼電器狀態碼

MBAP Header				功能碼	數據	
傳輸標誌	協定標誌	長度	單元標誌	功能碼	輸出有效位元組數	4路輸入狀態
00 21	00 00	00 04	01	02	00	00

輸入端資料狀態為 0x00,解釋如下:

表 22 輸入端資料狀態碼一覽表

Bit 7	Bit 6	Bit 5	Bit 4	Bit 3	Bit 2	Bit 1	Bit 0
無	無	無	無	X4	X3	X2	X1
0	0	0	0	0	0	0	0

1 代表有輸入信號，0 代表無輸入信號，0F 指 4 路輸入端有輸入信號，00 指 4 路輸入端無輸入信號。

開啟第n路繼電器：

我們要控制 INNO-4RD-NET 網路繼電器模組中，第 n 路繼電器的開啟，如下圖所示，PDU 控制碼如下圖所示：

请求

功能码	1 个字节	0x05
输出地址	2 个字节	0x0000 至 0xFFFF
输出值	2 个字节	0x0000 至 0x00

响应

功能码	1 个字节	0x05
输出地址	2 个字节	0x0000 至 0xFFFF
输出值	2 个字节	0x0000 至 0xFF00

圖表 97 第 n 路繼電器的開啟 PDU 控制碼

發送資料：Tx: 00 21 00 00 00 06 01 05 00 00 FF 00

Modbus控制命令解釋如下：

表 23 控制第 N 路繼電器開啟控制碼

MBAP Header				功能碼	數據	
傳輸標誌	協定標誌	長度	單元標誌	功能碼	繼電器位址	繼電器狀態
00 21	00 00	00 06	01	05	00 00	FF 00

回應資料Frame：00 21 00 00 00 06 01 05 00 00 FF 00

如下圖紅框處所示之『00 21 00 00 00 06 01 05 00 00 FF 00』，就是 INNO-4RD-NET 網路繼電器模組收到控制碼：00 21 00 00 00 06 01 05 00 00 FF 00』之後，將 INNO-4RD-NET 網路繼電器模組內的繼電器控制狀況傳回。

圖表 98 控制第 n 繼電器回應資訊

下表為回傳控制第 n 繼電器狀態碼 的控制碼

表 24 回傳控制第 n 繼電器狀態碼

MBAP Header				功能碼	數據	
傳輸標誌	協定標誌	長度	單元標誌	功能碼	輸出有效位元組數	4路輸出狀態
00 21	00 00	00 06	01	05	00 00	FF 00

4路繼電器控制位址解釋如下：

- 00 00: 第1路繼電器位址
- 00 01: 第2路繼電器位址
- 00 02: 第3路繼電器位址
- 00 03 第4路繼電器位址

4路繼電器回饋控制狀態如下：

- FF 00: 第N路繼電器開啟控制，線圈通電，NO（Normally Open）表示常開接點（俗稱A接點）通電。
- 00 00: 第N路繼電器關閉控制，線圈不通電，NC（Normally Close）表示常閉接點（俗稱B接點）通電。

關閉第n路繼電器：

我們要控制 INNO-4RD-NET 網路繼電器模組中，第 n 路繼電器的關閉，如下圖所示，PDU 控制碼如下圖所示：

请求

功能码	1 个字节	**0x05**
输出地址	2 个字节	0x0000 至 0xFFFF
输出值	2 个字节	0x0000 至 0x00

响应

功能码	1 个字节	**0x05**
输出地址	2 个字节	0x0000 至 0xFFFF
输出值	2 个字节	0x0000 至 0xFF00

圖表 99 第 n 路繼電器的關閉 PDU 控制碼

發送資料：Tx: 00 21 00 00 00 06 01 05 00 00 00 00

Modbus控制命令解釋如下：

表 25 控制第 N 路繼電器關閉控制碼

MBAP Header				功能碼	數據	
傳輸標誌	協定標誌	長度	單元標誌	功能碼	繼電器位址	繼電器狀態
00 21	00 00	00 06	01	05	00 00	00 00

回應資料 Frame：00 21 00 00 00 06 01 05 00 00 00 00

如下圖紅框處所示之『00 21 00 00 00 06 01 05 00 00 00 00』，就是 INNO-4RD-NET 網路繼電器模組收到控制碼：『00 21 00 00 00 06 01 05 00 00 00 00』之後，將 INNO-4RD-NET 網路繼電器模組內的繼電器控制狀況傳回。

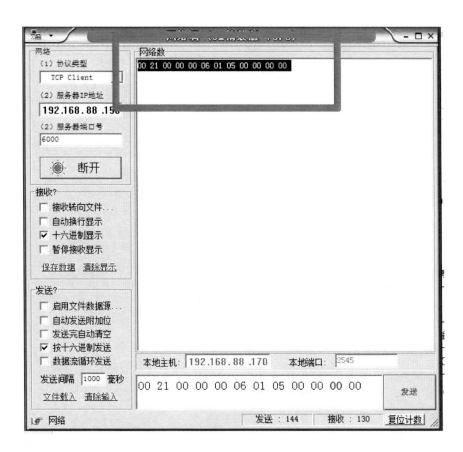

圖表 100 關閉第 n 繼電器回應資訊

下表為回傳關閉第 n 繼電器狀態碼的控制碼

表 26 回傳控制第 n 繼電器狀態碼

MBAP Header				功能碼	數據	
傳輸標誌	協定標誌	長度	單元標誌	功能碼	輸出有效位元組數	4路輸出狀態
00 21	00 00	00 06	01	05	00 00	00 00

4路繼電器控制位址解釋如下：

- 00 00: 第1路繼電器位址

- 00 01: 第2路繼電器位址

- 00 02: 第3路繼電器位址

- 00 03 第4路繼電器位址

4路繼電器回饋控制狀態如下：

- FF 00: 第N路繼電器開啟控制，線圈通電，NO（Normally Open）表示常開接點（俗稱A接點）通電。

- 00 00: 第N路繼電器關閉控制，線圈不通電，NC（Normally Close）表示常閉接點（俗稱B接點）通電。

同時開啟4路繼電器：

我們要告訴 INNO-4RD-NET 網路繼電器模組中，同時開啟 4 路繼電器，如下圖所示，PDU 控制碼如下圖所示：

请求 PDU

功能码	1 个字节	0x0F
起始地址	2 个字节	0x0000 至 0xFFFF
输出数量	2 个字节	0x0001 至 0x07B0
字节数	1 个字节	N*
输出值	N*×1 个字节	

*N＝输出数量/8，如果余数不等于 0，那么N＝N+1

响应 PDU

功能码	1 个字节	0x0F
起始地址	2 个字节	0x0000 至 0xFFFF
输出数量	2 个字节	0x0001 至 0x07B0

圖表 101 同時開啟 4 路繼電器 PDU 控制碼回應資訊

發送資料：Tx: 00 21 00 00 00 06 01 0F 00 00 00 04 01 0F

Modbus控制命令解釋如下：

表 27 讀取四路繼電器狀態控制碼

MBAP Header				功能碼	數據			
傳輸標誌	協定標誌	長度	單元標誌	功能碼	繼電器起始位址	繼電器數量	位元組數	繼電器狀態
00 21	00 00	00 06	01	0F	00 00	00 04	01	0F

回應資料 Frame：00 21 00 00 00 06 01 0F 00 00 00 04

如下表所示，繼電器狀態的資訊內容請參考下表。

表 28 繼電器狀態碼一覽表

Bit 7	Bit 6	Bit 5	Bit 4	Bit 3	Bit 2	Bit 1	Bit 0
無	無	無	無	繼電器4	繼電器3	繼電器2	繼電器1
0	0	0	0	1	1	1	1

1 代表繼電器閉合，0 代表繼電器斷開，0F 指 4 路繼電器全部處於閉合狀態，00 指 4 路繼電器全部處於斷開狀態。

如下圖紅框處所示之『00 21 00 00 00 06 01 0F 00 00 00 04』，就是 INNO-4RD-NET 網路繼電器模組收到控制碼：『00 21 00 00 00 06 01 0F 00 00 00 04 01 0F』之後，將 INNO-4RD-NET 網路繼電器模組內的繼電器控制狀況傳回。

圖表 102 同時開啟 4 路繼電器回應資訊

下表為回傳四路繼電器狀態碼 的控制碼

表 29 回傳四路繼電器狀態碼

MBAP報文頭				功能碼	數據	
傳輸標誌	協定標誌	長度	單元標誌	功能碼	輸出有效位元組數	繼電器數量
00 21	00 00	00 06	01	0F	00 00	00 04

同時關閉4路繼電器：

我們要告訴 INNO-4RD-NET 網路繼電器模組中，同時關閉 4 路繼電器，如下圖所示，PDU 控制碼如下圖所示：

请求 PDU

功能码	1 个字节	0x0F
起始地址	2 个字节	0x0000 至 0xFFFF
输出数量	2 个字节	0x0001 至 0x07B0
字节数	1 个字节	N*
输出值	N*×1 个字节	

*N＝输出数量/8，如果余数不等于 0，那么N = N+1

响应 PDU

功能码	1 个字节	0x0F
起始地址	2 个字节	0x0000 至 0xFFFF
输出数量	2 个字节	0x0001 至 0x07B0

圖表 103 同時關閉 4 路繼電器 PDU 控制碼回應資訊

發送資料：Tx: 00 21 00 00 00 06 01 0F 00 00 00 04 01 00

Modbus控制命令解釋如下：

表 30 讀取四路繼電器狀態控制碼

MBAP Header				功能碼	數據			
傳輸標誌	協定標誌	長度	單元標誌	功能碼	繼電器起始位址	繼電器數量	位元組數	繼電器狀態
00 21	00 00	00 06	01	0F	00 00	00 04	01	00

回應資料Frame：00 21 00 00 00 06 01 0F 00 00 00 04

如下表所示，繼電器狀態的資訊內容請參考下表。

表 31 繼電器狀態碼一覽表

Bit 7	Bit 6	Bit 5	Bit 4	Bit 3	Bit 2	Bit 1	Bit 0
無	無	無	無	繼電器4	繼電器3	繼電器2	繼電器1
0	0	0	0	1	1	1	1

1代表繼電器閉合，0代表繼電器斷開，0F 指 4 路繼電器全部處於閉合狀態，00 指 4 路繼電器全部處於斷開狀態。

如下圖紅框處所示之『00 21 00 00 00 06 01 0F 00 00 00 04』，就是 INNO-4RD-NET 網路繼電器模組收到控制碼：『00 21 00 00 00 06 01 0F 00 00 00 04 01 00』之後，將 INNO-4RD-NET 網路繼電器模組內的繼電器控制狀況傳回。

圖表 104 同時關閉 4 路繼電器回應資訊

下表為回傳四路繼電器狀態碼 的控制碼

表 32 回傳四路繼電器狀態碼

MBAP報文頭				功能碼	數據	
傳輸標誌	協定標誌	長度	單元標誌	功能碼	輸出有效位 元組數	繼電器數量
00 21	00 00	00 06	01	0F	00 00	00 04

章節小結

　　本章主要介紹之 INNO-4RD-NET 網路繼電器模組控制方法，利用工具程式：NetAssist 來介紹控制命令，以及 INNO-4RD-NET 網路繼電器模組回應資訊，透過本章節的解說，相信讀者會對連接、使用 INNO-4RD-NET 網路繼電器模組控制方法，有更深入的了解與體認。

CHAPTER

透過網路通訊控制工業通訊裝置

Ethernet Shield 2 主要特色是把 TCP/IP Protocols (TCP, UDP, ICMP, IPv4 ARP, IGMP, PPPoE, Ethernet) 做在硬體電路上，減輕了單晶片(MCU)的負擔 (也就是 Arduino 開發板的負擔)。

Arduino 程式只要使用 Ethernet Library[8] 便可以輕易完成連至網際網路的動作，不過 Ethernet Shield 2 也不是沒有缺點，因為它有一個限制，就是最多只允許同時 4 個 socket 連線。

Arduino Ethernet Shield 2 使用加長型的 Pin header (如圖 26.(a) & 圖 26.(b))，可以直接插到 Arduino 控制板上 (如圖 26.(c) & 圖 26.(d) & 圖 26.(e))，而且原封不動地保留了 Arduino 控制板的 Pin Layout，讓使用者可以在它上面疊其它的擴充板 (如圖 26.(c) & 圖 26.(d) & 圖 26.(e))。

新的 Ethernet Shield 2 增加了 micro-SD card 插槽(如圖 26.(a))，可以用來儲存檔案，你可以用 Arduino 內建的 SD library 來存取板子上的 SD card

Ethernet Shield 2 相容於 UNO 和 Mega 2560 控制板。

---

[8] 可到 Arduino.cc 的官網：http://www.arduino.cc/en/reference/ethernet，下載函式庫與相關範例。

(a).正面圖　　　　　　　(b).背面圖

(c).堆疊圖

(d).網路接腳圖

105 Ethernet Shield 2

資料來源：Ethernet Shield 2 官網：https://store.arduino.cc/usa/arduino-ethernet-

shield-2

Arduino 開發板跟 Ethernet Shield 2 以及 SD card 之間的通訊都是透過 SPI bus (通過 ICSP header)。

以 UNO 開發板 而言，SPI bus 腳位位於 pins 11, 12 和 13，而 Mega 2560 開發板 則是 pins 50, 51 和 52。UNO 和 Mega 2560 都一樣，pin 10 是用來選擇 W5100，而 pin 4 則是用來選擇 SD card。這邊提到的這幾支腳位都不能拿來當 GPIO 使用，請讀者勿必避開這兩個 GPIO 腳位。

另外，在 Arduino Mega 2560 開發板上，pin 53 是 hardware SS pin，這支腳位也必須保持為 OUTPUT，不然 SPI bus 就不能動作。

在使用的時候要注意一件事，因為 Ethernet Shield 2 和 SD card 共享 SPI bus，所以在同一個時間只能使用其中一個設備。如果你程式裏會用到 Ethernet Shield 2

和 SD card 兩種設備，那在使用對應的 library 時就要特別留意，要避免搶 SPI bus 資源的情形。

假如你確定不會用到其中一個設備的話，你可以在程式裏明白地指示 Arduino 開發板，方法是: 如果不會用到 SD card，那就把 pin 4 設置成 OUTPUT 並把狀態改為 high，如果不會用到 W5500，那麼便把 pin 10 設置成 OUTPUT 並把狀態改為 high。

如圖 27 所示，Ethernet Shield 2 狀態指示燈 (LEDs)功能列舉如下:

- PWR: 表示 Arduino 控制板和 Ethernet Shield 已經上電
- LINK: 網路指示燈，當燈號閃爍時代表正在傳送或接收資料
- FULLD: 代表網路連線是全雙工
- 100M: 表示網路是 100 MB/s (相對於 10 Mb/s)
- RX: 接收資料時閃爍
- TX: 傳送資料時閃爍
- COLL: 閃爍時代表網路上發生封包碰撞的情形 (network collisions are detected)

資料來源：https://store.arduino.cc/usa/arduino-ethernet-shield-2

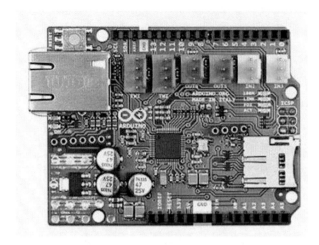

圖 106 Ethernet Shield 2 指示燈

資料來源：Ethernet Shield 2 官網：https://store.arduino.cc/usa/arduino-ethernet-

shield-2

簡單 Web Server

首先，組立 Ethernet Shield 2 以太網路模組是非常容易的一件事，如下圖所示，只要將 Ethernet Shield 2 以太網路模組堆疊到任何 Arduino 開發板之上就可以了。

圖 107 將 Arduino 開發板與 Ethernet Shield 2 以太網路模組堆疊組立

之後，在將組立好的 Ethernet Shield 2 以太網路模組，如下圖所示，只要將 USB 線差到 Arduino 開發板，再將 RJ 45 的網路線一端插到 Ethernet Shield 2 以太網路模組，另一端插到可以上網的集線器(Switch HUB)的任何一個區域網路接口(Lan Port) 就可以了。

圖 108 接上電源與網路線的 Ethernet Shield 2 以太網路模組堆疊卡

我們遵照前幾章所述，將 Arduino 開發板的驅動程式安裝好之後，我們打開 Arduino 開發板的開發工具：Sketch IDE 整合開發軟體，攥寫一段程式，如下表所示之 WebServer 測試程式，我們就可以讓 Ethernet Shield 2 以太網路模組堆疊卡變成一台簡易的網頁伺服器運作了。

表 33 WebServer 測試程式

Ethernet Shield 2 以太網路模組(WebServer_W5500r)
/*   Web Server   A simple web server that shows the value of the analog input pins. using an Arduino Wiznet Ethernet shield.

```
Circuit:
* Ethernet shield attached to pins 10, 11, 12, 13
* Analog inputs attached to pins A0 through A5 (optional)

created 18 Dec 2009
by David A. Mellis
modified 9 Apr 2012
by Tom Igoe
modified 15 Jul 2014
by Soohwan Kim

*/

#include <SPI.h>
#include <Ethernet.h>

// Enter a MAC address and IP address for your controller below.
// The IP address will be dependent on your local network:
#if defined(WIZ550io_WITH_MACADDRESS) // Use assigned MAC address of
WIZ550io
;
#else
byte mac[] = {0xDE, 0xAD, 0xBE, 0xEF, 0xFE, 0xED};
#endif

//#define __USE_DHCP__

IPAddress ip(192, 168, 88, 177);
IPAddress gateway(192, 168, 881, 1);
IPAddress subnet(255, 255, 255, 0);
// fill in your Domain Name Server address here:
IPAddress myDns(168,95, 1, 1); // google puble dns

// Initialize the Ethernet server library
// with the IP address and port you want to use
// (port 80 is default for HTTP):
EthernetServer server(80);
```

```
void setup() {
    // Open serial communications and wait for port to open:
    Serial.begin(9600);
    Serial.println("Program Start") ;

    // initialize the ethernet device
#if defined __USE_DHCP__
#if defined(WIZ550io_WITH_MACADDRESS) // Use assigned MAC address of
WIZ550io
    Ethernet.begin();
#else
    Ethernet.begin(mac);
#endif
#else
#if defined(WIZ550io_WITH_MACADDRESS) // Use assigned MAC address of
WIZ550io
    Ethernet.begin(ip, myDns, gateway, subnet);
#else
    Ethernet.begin(mac, ip, myDns, gateway, subnet);
#endif
#endif

    // start the Ethernet connection and the server:
    server.begin();
    Serial.print("server is at ");
    Serial.println(Ethernet.localIP());
}


void loop() {
    // listen for incoming clients
    EthernetClient client = server.available();
    if (client) {
        Serial.println("new client");
        // an http request ends with a blank line
        boolean currentLineIsBlank = true;
        while (client.connected()) {
```

```
    if (client.available()) {
        char c = client.read();
        Serial.write(c);
        // if you've gotten to the end of the line (received a newline
        // character) and the line is blank, the http request has ended,
        // so you can send a reply
        if (c == '\n' && currentLineIsBlank) {
            // send a standard http response header
            client.println("HTTP/1.1 200 OK");
            client.println("Content-Type: text/html");
            client.println("Connection: close");   // the connection will be closed after
completion of the response
            client.println("Refresh: 5");   // refresh the page automatically every 5 sec
            client.println();
            client.println("<!DOCTYPE HTML>");
            client.println("<html>");
            // output the value of each analog input pin
            for (int analogChannel = 0; analogChannel < 6; analogChannel++) {
                int sensorReading = analogRead(analogChannel);
                client.print("analog input ");
                client.print(analogChannel);
                client.print(" is ");
                client.print(sensorReading);
                client.println("<br />");
            }
            client.println("</html>");
            break;
        }
        if (c == '\n') {
            // you're starting a new line
            currentLineIsBlank = true;
        }
        else if (c != '\r') {
            // you've gotten a character on the current line
            currentLineIsBlank = false;
        }
    }
}
```

```
        // give the web browser time to receive the data
        delay(1);
        // close the connection:
        client.stop();
        Serial.println("client disconnected");
    }
}
```

程式碼：https://github.com/brucetsao/Industry4_Relay/tree/master/Codes

如下圖所示，讀者可以看到本次實驗- WebServer 測試程式結果畫面。

(a).使用網頁查看網頁伺服器資料

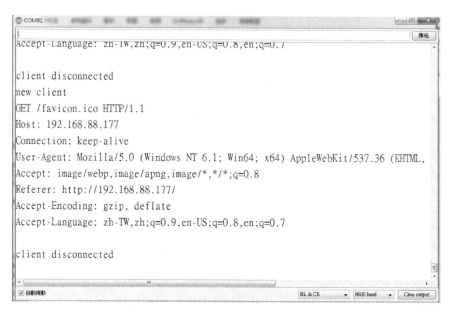

(b).使用監控視窗查看網頁伺服器連線資料

圖 109　WebServer 測試程式結果畫面

透過命令控制 Modbus TCP 單一繼電器模組

　　我們將 Arduno 開發板的驅動程式安裝好之後，我們打開 Arduino 開發板的開發工具： Sketch IDE 整合開發軟體（軟體下載請到：https://www.arduino.cc/en/Main/Software），攥寫一段程式，如下表所示之透過命令控制 Modbus TCP 單一繼電器模組測試程式，使用控制命令控制繼電器開啟與關閉。

表 34 透過命令控制 Modbus TCP 單一繼電器模組測試程式

透過命令控制 Modbus TCP 單一繼電器模組測試程式 (WiFiWebServer_W5500_Control_01)
#include <SPI.h> #include <Ethernet.h>

- 172 -

```
#if defined(WIZ550io_WITH_MACADDRESS) // Use assigned MAC address of
WIZ550io
;
#else
byte mac[] = {0xDE, 0xAD, 0xBE, 0xEF, 0xFE, 0xED};
#endif


IPAddress deviceip(192,168,88,177);
IPAddress    RelayDevice(192,168,88,150) ;
int    RelayDevicePort = 6000 ;
//-------------------IP DataEthernetClient
EthernetClient client;
uint8_t TurnOn[] =    {0x00, 0x21, 0x00, 0x00, 0x00, 0x06, 0x01, 0x05, 0x00, 0x00,
0xFF, 0x00}   ;
uint8_t TurnOff[] =    {0x00, 0x21, 0x00, 0x00, 0x00, 0x06, 0x01, 0x05, 0x00, 0x00,
0x00, 0x00}    ;
  // Please update IP address according to your local network


void setup() {
    Serial.begin(9600);
      Serial.println("W5500 Start") ;
  /*
    //Initialize serial and wait for port to open:
    if (Ethernet.begin(mac) == 0) {
      Serial.println("Failed to configure Ethernet using DHCP");
      // try to congifure using IP address instead of DHCP:
      Ethernet.begin(mac,deviceip);
    Serial.print("IP 位址：");
    Serial.println(Ethernet.localIP());

  }
  */
#if defined(WIZ550io_WITH_MACADDRESS)
    Ethernet.begin(deviceip);
#else
```

```
    Ethernet.begin(mac, deviceip);
#endif
  Serial.print("IP 位址：");
  Serial.println(Ethernet.localIP());
  // you're connected now, so print out the status:
  Serial.println("Get IP") ;
}

void loop() {
  // if you get a connection, report back via serial:
  if (client.connect(RelayDevice, RelayDevicePort))
  {
    delay(20) ;
    Serial.println("connected to server");
    // Make a HTTP request:
    Serial.print("SEND(ON):(") ;
    Serial.print(sizeof(TurnOn)) ;
    Serial.print("):") ;
////    for (int i = 0 ; i < sizeof(TurnOn); i++)
      {
              client.write(&TurnOn[0],sizeof(TurnOn)) ;
//      Serial.print(TurnOn[i],HEX) ;
//      Serial.print("/") ;
      }
      Serial.print("@\n") ;
    client.write(0x0a) ;

    delay(5000) ;
    Serial.print("SEND(OFF):(") ;
    Serial.print(sizeof(TurnOff)) ;
    Serial.print("):") ;
//    for (int i = 0 ; i < sizeof(TurnOff); i++)
//    {
              client.write(&TurnOff[0],sizeof(TurnOff)) ;
              //client.write(TurnOff[i]) ;
//      Serial.print(TurnOn[i],HEX) ;
//    Serial.print("/") ;
//    }
```

```
            Serial.print("@\n") ;
        client.write(0x0a) ;
            delay(5000) ;
            client.write(0x0a) ;
        client.stop() ;
    }
    else
    {
        Serial.println("Fail Connect") ;
        }


    delay(1000);#include <SPI.h>
#include <Ethernet.h>
#if defined(WIZ550io_WITH_MACADDRESS) // Use assigned MAC address of
WIZ550io
;
#else
byte mac[] = {0xDE, 0xAD, 0xBE, 0xEF, 0xFE, 0xED};
#endif



IPAddress deviceip(192,168,88,177);
IPAddress    RelayDevice(192,168,88,150) ;
int    RelayDevicePort = 6000 ;
//-----------------IP DataEthernetClient
EthernetClient client;
uint8_t TurnOn[] =  {0x00, 0x21, 0x00, 0x00, 0x00, 0x06, 0x01, 0x05, 0x00, 0x00,
0xFF, 0x00}  ;
uint8_t TurnOff[] =  {0x00, 0x21, 0x00, 0x00, 0x00, 0x06, 0x01, 0x05, 0x00, 0x00,
0x00, 0x00}  ;
 // Please update IP address according to your local network



void setup() {
    Serial.begin(9600);
        Serial.println("W5500 Start") ;
    /*
```

```
    //Initialize serial and wait for port to open:
    if (Ethernet.begin(mac) == 0) {
      Serial.println("Failed to configure Ethernet using DHCP");
      // try to congifure using IP address instead of DHCP:
      Ethernet.begin(mac,deviceip);
     Serial.print("IP 位址：");
     Serial.println(Ethernet.localIP());

    }
    */
#if defined(WIZ550io_WITH_MACADDRESS)
    Ethernet.begin(deviceip);
#else
    Ethernet.begin(mac, deviceip);
#endif
    Serial.print("IP 位址：");
    Serial.println(Ethernet.localIP());
    // you're connected now, so print out the status:
    Serial.println("Get IP") ;
}

void loop() {
    // if you get a connection, report back via serial:
    if (client.connect(RelayDevice, RelayDevicePort))
    {
      delay(20) ;
      Serial.println("connected to server");
      // Make a HTTP request:
      Serial.print("SEND(ON):(") ;
      Serial.print(sizeof(TurnOn)) ;
      Serial.print("):") ;
////    for (int i = 0 ; i < sizeof(TurnOn); i++)
        {
              client.write(&TurnOn[0],sizeof(TurnOn)) ;
//      Serial.print(TurnOn[i],HEX) ;
//      Serial.print("/") ;
        }
        Serial.print("@\n") ;
```

```
        client.write(0x0a) ;

            delay(5000) ;
        Serial.print("SEND(OFF):(") ;
        Serial.print(sizeof(TurnOff)) ;
        Serial.print("):") ;
//      for (int i = 0 ; i < sizeof(TurnOff); i++)
//        {
                client.write(&TurnOff[0],sizeof(TurnOff)) ;
                //client.write(TurnOff[i]) ;
//      Serial.print(TurnOn[i],HEX) ;
//      Serial.print("/") ;
//        }
        Serial.print("@\n") ;
      client.write(0x0a) ;
            delay(5000) ;
            client.write(0x0a) ;
            client.stop() ;
    }
    else
    {
        Serial.println("Fail Connect") ;
        }

    delay(1000);
}




}
```

程式碼：https://github.com/brucetsao/Industry4_Relay/tree/master/Codes

如下圖所示，讀者可以看到本次實驗測試程式結果畫面。

(a).開燈

(b).關燈

圖 110　透過命令控制 Modbus TCP 單一繼電器模組測試程式結果畫面

控制命令解釋

開啟第n路繼電器：

我們要控制 INNO-4RD-NET 網路繼電器模組中，第 n 路繼電器的開啟，如下圖所示，PDU 控制碼如下圖所示：

请求

功能码	1 个字节	0x05
输出地址	2 个字节	0x0000 至 0xFFFF
输出值	2 个字节	0x0000 至 0x00

响应

功能码	1 个字节	0x05
输出地址	2 个字节	0x0000 至 0xFFFF
输出值	2 个字节	0x0000 至 0xFF00

圖表 111第n路繼電器的開啟PDU控制碼

發送資料：Tx: 00 21 00 00 00 06 01 05 00 00 FF 00

Modbus控制命令解釋如下：

表 35 控制第 N 路繼電器開啟控制碼

MBAP Header				功能碼	數據	
傳輸標誌	協定標誌	長度	單元標誌	功能碼	繼電器位址	繼電器狀態
00 21	00 00	00 06	01	05	00 00	FF 00

回應資料 Frame：00 21 00 00 00 06 01 05 00 00 FF 00

如下圖紅框處所示之『00 21 00 00 00 06 01 05 00 00 FF 00』，就是 INNO-4RD-NET 網路繼電器模組收到控制碼：00 21 00 00 00 06 01 05 00 00 FF 00』之後，將 INNO-4RD-NET 網路繼電器模組內的繼電器控制狀況傳回。

iii.控制多個繼電器狀態

圖表 112 控制第 n 繼電器回應資訊

下表為回傳控制第 n 繼電器狀態碼 的控制碼

表 36 回傳控制第 n 繼電器狀態碼

MBAP Header				功能碼	數據	
傳輸標誌	協定標誌	長度	單元標誌	功能碼	輸出有效位元組數	4路輸出狀態
00 21	00 00	00 06	01	05	00 00	FF 00

4 路繼電器控制位址解釋如下:

● 00 00: 第1路繼電器位址

- 00 01: 第2路繼電器位址

- 00 02: 第3路繼電器位址

- 00 03 第4路繼電器位址

4路繼電器回饋控制狀態如下:

- FF 00: 第N路繼電器開啟控制,線圈通電,NO(Normally Open)表示常開接點(俗稱A接點)通電。

- 00 00: 第N路繼電器關閉控制,線圈不通電,NC(Normally Close)表示常閉接點(俗稱B接點)通電。

關閉第n路繼電器:

我們要控制 INNO-4RD-NET 網路繼電器模組中,第 n 路繼電器的關閉,如下圖所示,PDU 控制碼如下圖所示:

请求

功能码	1 个字节	0x05
输出地址	2 个字节	0x0000 至 0xFFFF
输出值	2 个字节	0x0000 至 0x00

响应

功能码	1 个字节	0x05
输出地址	2 个字节	0x0000 至 0xFFFF
输出值	2 个字节	0x0000 至 0xFF00

圖表 113 第 n 路繼電器的關閉 PDU 控制碼

發送資料:Tx: 00 21 00 00 00 06 01 05 00 00 00 00

Modbus控制命令解釋如下:

表 37 控制第 N 路繼電器關閉控制碼

MBAP Header				功能碼	數據	
傳輸標誌	協定標誌	長度	單元標誌	功能碼	繼電器位址	繼電器狀態
00 21	00 00	00 06	01	05	00 00	00 00

回應資料 Frame：00 21 00 00 00 06 01 05 00 00 00 00

　　如下圖紅框處所示之『00 21 00 00 00 06 01 05 00 00 00 00』，就是 INNO-4RD-
NET 網路繼電器模組收到控制碼：『00 21 00 00 00 06 01 05 00 00 00 00』之後，將
INNO-4RD-NET 網路繼電器模組內的繼電器控制狀況傳回。

圖表 114 關閉第 n 繼電器回應資訊

下表為回傳關閉第 n 繼電器狀態碼的控制碼

表 38 回傳控制第 n 繼電器狀態碼

MBAP Header				功能碼	數據	
傳輸標誌	協定標誌	長度	單元標誌	功能碼	輸出有效位元組數	4路輸出狀態
00 21	00 00	00 06	01	05	00 00	00 00

4路繼電器控制位址解釋如下：

● 00 00: 第1路繼電器位址

● 00 01: 第2路繼電器位址

● 00 02: 第3路繼電器位址

● 00 03 第4路繼電器位址

4路繼電器回饋控制狀態如下：

● FF 00: 第N路繼電器開啟控制，線圈通電，NO（Normally Open）表示常開接點（俗稱A接點）通電。

● 00 00: 第N路繼電器關閉控制，線圈不通電，NC（Normally Close）表示常閉接點（俗稱B接點）通電。

```
uint8_t TurnOn[4][12] = { {0x00, 0x21, 0x00, 0x00, 0x00, 0x06, 0x01, 0x05, 0x00,
0x00, 0xFF, 0x00},
                {0x00, 0x21, 0x00, 0x00, 0x00, 0x06, 0x01, 0x05, 0x00,
0x01, 0xFF, 0x00},
                {0x00, 0x21, 0x00, 0x00, 0x00, 0x06, 0x01, 0x05, 0x00,
0x02, 0xFF, 0x00},
                {0x00, 0x21, 0x00, 0x00, 0x00, 0x06, 0x01, 0x05, 0x00,
0x03, 0xFF, 0x00}
                };
```

```
uint8_t TurnOff[4][12] = { {0x00, 0x21, 0x00, 0x00, 0x00, 0x06, 0x01, 0x05, 0x00,
0x00, 0x00, 0x00} ,
                        {0x00, 0x21, 0x00, 0x00, 0x00, 0x06, 0x01, 0x05, 0x00,
0x01, 0x00, 0x00} ,
                        {0x00, 0x21, 0x00, 0x00, 0x00, 0x06, 0x01, 0x05, 0x00,
0x02, 0x00, 0x00} ,
                        {0x00, 0x21, 0x00, 0x00, 0x00, 0x06, 0x01, 0x05, 0x00,
0x03, 0x00, 0x00}
                                    };
```

　　如下表，我們控制第一組繼電器開啟，為 TurnOn[1][0-11]的命令，所以我們使用迴圈傳輸到 client.write(&TurnOn[i][0],sizeof(TurnOn[i]))；，進行宣告為 TCP/IP T L 轉 Modbus TCP 模組所使用的繼電器，進行命令控制。

```
for (int i = 0 ; i < 4; i++)
    {
            client.write(&TurnOn[i][0],sizeof(TurnOn[i])) ;
            delay(1000) ;
    }
    Serial.print("@\n") ;
        client.write(0x0a) ;
```

　　如下表，我們控制第一組繼電器關閉，為 TurnOff[1][0-11]的命令，所以我們使用迴圈傳輸到 client.write(&TurnOff[i][0],sizeof(TurnOff[i]))；，進行宣告為 TCP/IP T L 轉 Modbus TCP 模組所使用的繼電器，進行命令控制。

```
for (int i = 0 ; i < 4; i++)
    {
            client.write(&TurnOff[i][0],sizeof(TurnOff[i])) ;
            delay(1000) ;
    }
    Serial.print("@\n") ;
        client.write(0x0a) ;
```

透過迴圈方式控制 Modbus TCP 每一繼電器模組

我們將 Arduno 開發板的驅動程式安裝好之後，我們打開 Arduino 開發板的開發工具：Sketch IDE 整合開發軟體（軟體下載請到：https://www.arduino.cc/en/Main/Software)，攢寫一段程式，如下表所示之透過迴圈方式控制 Modbus TCP 每一繼電器模組測試程式，使用控制命令控制繼電器開啟與關閉。

表 39 透過迴圈方式控制 Modbus TCP 每一繼電器模組測試程式

透過迴圈方式控制 Modbus TCP 每一繼電器模組 (WiFiWebServer_W5500_Control_02)

```
#include <SPI.h>
#include <Ethernet.h>
#if defined(WIZ550io_WITH_MACADDRESS) // Use assigned MAC address of
WIZ550io
;
#else
byte mac[] = {0xDE, 0xAD, 0xBE, 0xEF, 0xFE, 0xED};
#endif


IPAddress deviceip(192,168,88,177);
IPAddress    RelayDevice(192,168,88,150) ;
int    RelayDevicePort = 6000 ;
//------------------IP DataEthernetClient
EthernetClient client;
uint8_t TurnOn[4][12] = { {0x00, 0x21, 0x00, 0x00, 0x00, 0x06, 0x01, 0x05, 0x00, 0x00,
0xFF, 0x00},

                          {0x00, 0x21, 0x00, 0x00, 0x00, 0x06, 0x01, 0x05, 0x00,
0x01, 0xFF, 0x00},

                          {0x00, 0x21, 0x00, 0x00, 0x00, 0x06, 0x01, 0x05, 0x00,
0x02, 0xFF, 0x00},
```

```
                        {0x00, 0x21, 0x00, 0x00, 0x00, 0x06, 0x01, 0x05, 0x00,
0x03, 0xFF, 0x00}
                                    };
uint8_t TurnOff[4][12] = { {0x00, 0x21, 0x00, 0x00, 0x00, 0x06, 0x01, 0x05, 0x00, 0x00,
0x00, 0x00} ,
                        {0x00, 0x21, 0x00, 0x00, 0x00, 0x06, 0x01, 0x05, 0x00,
0x01, 0x00, 0x00} ,
                        {0x00, 0x21, 0x00, 0x00, 0x00, 0x06, 0x01, 0x05, 0x00,
0x02, 0x00, 0x00} ,
                        {0x00, 0x21, 0x00, 0x00, 0x00, 0x06, 0x01, 0x05, 0x00,
0x03, 0x00, 0x00}
                                    };
  // Please update IP address according to your local network




void setup() {
    Serial.begin(9600);
      Serial.println("W5500 Start") ;
  /*
    //Initialize serial and wait for port to open:
    if (Ethernet.begin(mac) == 0) {
      Serial.println("Failed to configure Ethernet using DHCP");
      // try to congifure using IP address instead of DHCP:
      Ethernet.begin(mac,deviceip);
    Serial.print("IP 位址：");
    Serial.println(Ethernet.localIP());

    }
    */
#if defined(WIZ550io_WITH_MACADDRESS)
    Ethernet.begin(deviceip);
#else
    Ethernet.begin(mac, deviceip);
#endif
    Serial.print("IP 位址：");
    Serial.println(Ethernet.localIP());
    // you're connected now, so print out the status:
```

```
    Serial.println("Get IP") ;
}


void loop() {
  // if you get a connection, report back via serial:
  if (client.connect(RelayDevice, RelayDevicePort))
  {
    delay(20) ;
    Serial.println("connected to server");
    // Make a HTTP request:
    Serial.print("SEND(ON):(") ;
    Serial.print(sizeof(TurnOn)) ;
    Serial.print("):") ;
  for (int i = 0 ; i < 4; i++)
      {
            client.write(&TurnOn[i][0],sizeof(TurnOn[i])) ;
            delay(1000) ;
      }
      Serial.print("@\n") ;
    client.write(0x0a) ;

      delay(5000) ;
    Serial.print("SEND(OFF):(") ;
    Serial.print(sizeof(TurnOff)) ;
    Serial.print("):") ;
  for (int i = 0 ; i < 4; i++)
      {
            client.write(&TurnOff[i][0],sizeof(TurnOff[i])) ;
            delay(1000) ;
      }
      Serial.print("@\n") ;
    client.write(0x0a) ;

      delay(5000) ;
      client.write(0x0a) ;
    client.stop() ;
  }
  else
```

```
{
    Serial.println("Fail Connect") ;
    }


    delay(1000);
}
```

程式碼：https://github.com/brucetsao/Industry4_Relay/tree/master/Codes

使用 TCP/IP 建立網站控制繼電器

我們將 Arduno 開發板的驅動程式安裝好之後，我們打開 Arduino 開發板的開發工具：Sketch IDE 整合開發軟體(軟體下載請到：https://www.arduino.cc/en/Main/Software)，我們寫出一個使用ＷＩＦＩ的ＡＣＣＥＳＳ　ＰＯＩＮＴ（ＡＰ　Ｍｏｄｅ）模式，使用 TCP/IP 傳輸，建立一個網站，進而建立控制網頁，來控制 Modbus RTU 繼電器模組。

表 40 使用 TCP/IP 建立網站控制繼電器測試程式

使用 TCP/IP 建立網站控制繼電器測試程式 (Ameba_APMode_Control_RS485_CoilV3)

#include \<SoftwareSerial.h>
#include \<String.h>
 	
unsigned char cmd[8][8] ={ {0x01,0x05,0x00,0x00,0xFF,0x00,0x8C,0x3A},
                            {0x01,0x05,0x00,0x00,0x00,0x00,0xCD,0xCA},
                            {0x01,0x05,0x00,0x01,0xFF,0x00,0xDD,0xFA},
                            {0x01,0x05,0x00,0x01,0x00,0x00,0x9C,0x0A},
                            {0x01,0x05,0x00,0x02,0xFF,0x00,0x2D,0xFA},

```
                         {0x01,0x05,0x00,0x02,0x00,0x00,0x6C,0x0A},
                         {0x01,0x05,0x00,0x03,0xFF,0x00,0x7C,0x3A},
                         {0x01,0x05,0x00,0x03,0x00,0x00,0x3D,0xCA} } ;


   boolean   RelayMode[4]= { false,false,false,false} ;
   /*
   Relay0 On:   01-05-00-00-FF-00-8C-3A
   Relay0 Off: 01-05-00-00-00-00-CD-CA
   Relay1 On:   01-05-00-01-FF-00-DD-FA
   Relay1 Off: 01-05-00-01-00-00-9C-0A
   Relay2 On:   01-05-00-02-FF-00-2D-FA
   Relay2 Off: 01-05-00-02-00-00-6C-0A
   Relay3 On:   01-05-00-03-FF-00-7C-3A
   Relay3 Off: 01-05-00-03-00-00-3D-CA
    */
   SoftwareSerial mySerial(0, 1); // RX, TX

   #include <WiFi.h>

   char ssid[] = "Ameba";   //Set the AP's SSID
   char pass[] = "12345678";      //Set the AP's password
   char channel[] = "11";          //Set the AP's channel
   int status = WL_IDLE_STATUS;       // the Wifi radio's status

   int keyIndex = 0;                      // your network key Index number (needed
only for WEP)
   IPAddress   Meip ,Megateway ,Mesubnet ;
   String MacAddress ;
   uint8_t MacData[6];

   WiFiServer server(80);
    String currentLine = "";               // make a String to hold incoming data
from the client

   void setup() {
      //Initialize serial and wait for port to open:
         Serial.begin(9600) ;
```

```
      mySerial.begin(9600) ;

   // check for the presence of the shield:
   if (WiFi.status() == WL_NO_SHIELD) {
      Serial.println("WiFi shield not present");
      while (true);
   }
   String fv = WiFi.firmwareVersion();
   if (fv != "1.1.0") {
      Serial.println("Please upgrade the firmware");
   }

   // attempt to start AP:
   while (status != WL_CONNECTED) {
      Serial.print("Attempting to start AP with SSID: ");
      Serial.println(ssid);
      status = WiFi.apbegin(ssid, pass, channel);
      delay(10000);
   }

   //AP MODE already started:
   Serial.println("AP mode already started");
   Serial.println();
      server.begin();
   printWifiData();
   printCurrentNet();
}


void loop() {
   WiFiClient client = server.available();     // listen for incoming clients

   if (client)
   {                                          // if you get a client,
      Serial.println("new client");              // print a message out the serial port
      currentLine = "";                        // make a String to hold incoming data
from the client
      Serial.println("clear content");                // print a message out the serial port
      while (client.connected())
```

```
            {                      // loop while the client's connected
          if (client.available())
            {                           // if there's bytes to read from the client,
            char c = client.read();              // read a byte, then
            Serial.write(c);                        // print it out the serial monitor
      //    Serial.print("@") ;
            if (c == '\n')
            {                                // if the byte is a newline character
          // Serial.print("~") ;
          // if the current line is blank, you got two newline characters in a row.
          // that's the end of the client HTTP request, so send a response:
          if (currentLine.length() == 0)
              {
                // HTTP headers always start with a response code (e.g. HTTP/1.1
200 OK)
                // and a content-type so the client knows what's coming, then a blank
line:
              client.println("HTTP/1.1 200 OK");

              client.println("Content-type:text/html");
              client.println();

            client.print("<title>Ameba AP Mode Control Relay</title>");
              client.println();
                      client.print("<html>");
                      client.println();
      //                 client.print("<body>");
      //                 client.println();
      //----------control code start-------------------
                      // the content of the HTTP response follows the
header:
                      client.print("<p>Relay 1") ;
                      if (RelayMode[0])
                          {
                              client.print("(ON)") ;
                          }
                            else
                          {
```

- 191 -

```
                    client.print("(OFF)") ;
            }

        client.print(":") ;
        client.print("<a href='/A'>Open</a>") ;
        client.print("/") ;
        client.print("<a href='/B'>Close</a>") ;
        client.print("</p>");
        client.print("<p>Relay 2") ;
        if (RelayMode[1])
            {
                    client.print("(ON)") ;
            }
            else
            {
                    client.print("(OFF)") ;
            }

        client.print(":") ;
        client.print("<a href='/C'>Open</a>") ;
        client.print("/") ;
        client.print("<a href='/D'>Close</a>") ;
        client.print("</p>");
        client.print("<p>Relay 3") ;
        if (RelayMode[2])
            {
                    client.print("(ON)") ;
            }
            else
            {
                    client.print("(OFF)") ;
            }

        client.print(":") ;
        client.print("<a href='/E'>Open</a>") ;
        client.print("/") ;
        client.print("<a href='/F'>Close</a>") ;
        client.print("</p>");
```

```
                                    client.print("<p>Relay 4") ;
                                    if (RelayMode[3])
                                        {
                                            client.print("(ON)") ;
                                        }
                                      else
                                        {
                                            client.print("(OFF)") ;
                                        }

                                    client.print(":") ;
                                    client.print("<a href='/G'>Open</a>") ;
                                    client.print("/") ;
                                    client.print("<a href='/H'>Close</a>") ;
                                    client.print("</p>");
//----------control code end
      //                            client.print("</body>");
      //                               client.println();
                                    client.print("</html>");
                                    client.println();


                  // The HTTP response ends with another blank line:
                  client.println();
                  // break out of the while loop:
                  break;
            }        // end of if (currentLine.length() == 0)
          else
          {      // if you got a newline, then clear currentLine:
                  // here new line happen
                  // so check string is GET Command
                    CheckConnectString() ;
                  currentLine – "";
                      // Serial.println("get new line so empty String") ;
          }    // end of if (currentLine.length() == 0) (for else)
      }       // end of  if (c == '\n')
    else if (c != '\r')
    {    // if you got anything else but a carriage return character,
        currentLine += c;          // add it to the end of the currentLine
```

```
            }        // end of   if (c == '\n')
        // close the connection:


        }     // end of if (client.available())
           // inner while loop
    }        // end of while (client.connected())


    //    Serial.println("'while end'");

    client.stop();
    Serial.println("client disonnected");
  }     //end of    if (client)
  // bottome line of loop()
}     //end of loop()


  void CheckConnectString()
  {
                    // Check to see if the client request was "GET /HN or "GET
/LN":
        //        Serial.print("#") ;
        //        Serial.print("!");
        //        Serial.print(currentLine);

        //        Serial.print("!\n");
          //      Serial.println("Enter to Check Command");
        if (currentLine.startsWith("GET /A"))
        {
                RelayMode[0] = true ;
                RelayControl(1,RelayMode[0]);
        }
        if (currentLine.startsWith("GET /B"))
        {
                RelayMode[0] = false ;
                RelayControl(1,RelayMode[0]);
        }
        //----------------
        if (currentLine.startsWith("GET /C"))
```

```
        {
                RelayMode[1] = true ;
                RelayControl(2,RelayMode[1]);
        }
        if (currentLine.startsWith("GET /D"))
        {
                RelayMode[1] = false ;
                RelayControl(2,RelayMode[1]);
        }
        //-----------------
        if (currentLine.startsWith("GET /E"))
        {
                RelayMode[2] = true ;
                RelayControl(3,RelayMode[2]);
        }
        if (currentLine.startsWith("GET /F"))
        {
                RelayMode[2] = false ;
                RelayControl(3,RelayMode[2]);
        }
        //-----------------
        if (currentLine.startsWith("GET /G"))
        {
                RelayMode[3] = true ;
                RelayControl(4,RelayMode[3]);
        }
        if (currentLine.startsWith("GET /H"))
        {
                RelayMode[3] = false ;
                RelayControl(4,RelayMode[3]);
        }
        //-----------------
}
void RelayControl(int relaynnp, boolean   RM)
{

        if (RM)
        {
```

```
            Serial.print("Open ");
            Serial.print(relaynnp);
            Serial.print("\n");
                TurnOnRelay(relaynnp) ;
        }
        else
        {
            Serial.print("Close ");
            Serial.print(relaynnp);
            Serial.print("\n");

                TurnOffRelay(relaynnp) ;
        }


}
void TurnOnRelay(int relayno)
{
        for(int i = 0 ; i <8; i++)
            {
                mySerial.write(cmd[(relayno-1)*2][i]) ;
            }
            Serial.print("\nRelay :(") ;
            Serial.print(relayno) ;
            Serial.print(") \n\n") ;
            if (mySerial.available() >0)
                {
                    while (mySerial.available() >0)
                        {
                            Serial.print(mySerial.read() , HEX) ;
                        }


                }

}
```

```
void TurnOffRelay(int relayno)
{
    for(int i = 0 ; i <8; i++)
        {
            mySerial.write(cmd[(relayno-1)*2+1][i]) ;
        }
        Serial.print("Relay :(") ;
        Serial.print(relayno) ;
        Serial.print(") \n") ;
        if (mySerial.available() >0)
            {
                while (mySerial.available() >0)
                    {
                        Serial.print(mySerial.read() , HEX) ;
                    }

            }

}


void ShowMac()
{

    Serial.print("MAC:");
    Serial.print(MacAddress);
    Serial.print("\n");

}



String GetWifiMac()
{
    String tt ;
    String t1,t2,t3,t4,t5,t6 ;
    WiFi.status();      //this method must be used for get MAC
```

```
    WiFi.macAddress(MacData);

    Serial.print("Mac:");
     Serial.print(MacData[0],HEX) ;
     Serial.print("/");
     Serial.print(MacData[1],HEX) ;
     Serial.print("/");
     Serial.print(MacData[2],HEX) ;
     Serial.print("/");
     Serial.print(MacData[3],HEX) ;
     Serial.print("/");
     Serial.print(MacData[4],HEX) ;
     Serial.print("/");
     Serial.print(MacData[5],HEX) ;
     Serial.print("~");

     t1 = print2HEX((int)MacData[0]);
     t2 = print2HEX((int)MacData[1]);
     t3 = print2HEX((int)MacData[2]);
     t4 = print2HEX((int)MacData[3]);
     t5 = print2HEX((int)MacData[4]);
     t6 = print2HEX((int)MacData[5]);
   tt = (t1+t2+t3+t4+t5+t6) ;
 Serial.print(tt);
 Serial.print("\n");

    return tt ;
 }
String   print2HEX(int number) {
   String ttt ;
   if (number >= 0 && number < 16)
   {
      ttt = String("0") + String(number,HEX);
   }
   else
   {
       ttt = String(number,HEX);
   }
```

```
        return ttt ;
    }



    void ShowInternetStatus()
    {

            if (WiFi.status())
                {
                        Meip = WiFi.localIP();
                        Serial.print("Get IP is:");
                        Serial.print(Meip);
                        Serial.print("\n");

                }
            else
                {

                            Serial.print("DisConnected:");
                            Serial.print("\n");

                }

    }

    void initializeWiFi() {
        while (status != WL_CONNECTED) {
            Serial.print("Attempting to connect to SSID: ");
            Serial.println(ssid);
            // Connect to WPA/WPA2 network. Change this line if using open or WEP net-
work:
            status = WiFi.begin(ssid, pass);
    //      status = WiFi.begin(ssid);

            // wait 10 seconds for connection:
            delay(10000);
        }
        Serial.print("\n Success to connect AP:") ;
```

```
        Serial.print(ssid) ;
        Serial.print("\n") ;


}

void printWifiData() {
    // print your WiFi shield's IP address:
    IPAddress ip = WiFi.localIP();
    Serial.print("IP Address: ");
    Serial.println(ip);

    // print your subnet mask:
    IPAddress subnet = WiFi.subnetMask();
    Serial.print("NetMask: ");
    Serial.println(subnet);

    // print your gateway address:
    IPAddress gateway = WiFi.gatewayIP();
    Serial.print("Gateway: ");
    Serial.println(gateway);
    Serial.println();
}

void printCurrentNet() {
    // print the SSID of the AP:
    Serial.print("SSID: ");
    Serial.println(WiFi.SSID());

    // print the MAC address of AP:
    byte bssid[6];
    WiFi.BSSID(bssid);
    Serial.print("BSSID: ");
    Serial.print(bssid[0], HEX);
    Serial.print(":");
    Serial.print(bssid[1], HEX);
    Serial.print(":");
    Serial.print(bssid[2], HEX);
    Serial.print(":");
```

```
        Serial.print(bssid[3], HEX);
        Serial.print(":");
        Serial.print(bssid[4], HEX);
        Serial.print(":");
        Serial.println(bssid[5], HEX);

        // print the encryption type:
        byte encryption = WiFi.encryptionType();
        Serial.print("Encryption Type:");
        Serial.println(encryption, HEX);
        Serial.println();
    }
```

程式碼：https://github.com/brucetsao/Industry4_Relay/tree/master/Codes

　　程式編譯完成後，上傳到 Ameba RTL 8195 開發板之後，我們重置 Ameba RTL
8195 開發板(必須要重置方能執行我們上傳的程式)，我們可以透過電腦(筆電)的無
線網路熱點看到如下圖所示的『Ameba』熱點，請電腦切換到此熱點之後，等待網
路連接一切就緒後，請讀者啟動瀏覽器(本文為 Chrome 瀏覽器)，然後在網址列輸
入『Ameba』熱點的網址：『192.168.1.1』，進入網址畫面。

圖 115 執行後產生 Ameba 熱點

如下圖所示，我們可以看到 Ameba RTL 8195 開發板以建立『Ameba』熱點，並建立網站：『192.168.1.1』，此時我們可以點選網頁，來控制四個繼電器關起與關閉。

(a).啟始畫面

(b).開始第一組繼電器

(c).開始第二組繼電器

(d).開始第三組繼電器

(e).開始第四組繼電器

(z).監控視窗畫面

圖 116 透過網頁控制 Modbus TCP 繼電器模組測試程式結果畫面

實體展示

　　最後，如下圖所示，我們將上面所有的零件，電務連接完成後，完整顯示在下圖中，我們可以發現，主要組件為下圖左邊三個元件，如果讀者閱讀完本文後，可以自行完成如筆者一樣的產品，並可以將之濃縮到非常小的盒子當中，如此我們可以讓工業上的控制，開始可以使用網際網路的方式進行控制。

(a). 開發板模組

(b). 繼電器模組外接燈泡測試

(c). 整體組立

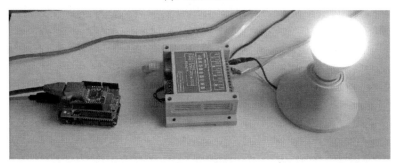

(d). 開燈測試

(e). 開燈測試

圖 117 整合電路產品(原型與測試畫面_

章節小結

　　本章主要介紹使用 Arduino 開發板與 Ethernet Shield 2 以太網路模組，整合 INNO-4RD-NET 網路繼電器模組，建立一個獨立的網頁伺服器來控制 Modbus TCP 繼電器模組的四組繼電器(INNO-4RD-NET 網路繼電器模組)，進而利用繼電器的電器開關來控制電力供應與否，相信讀者閱讀後，將對遠端與網頁方式控制電力供應，有更深入的了解與體認。

本書總結

　　筆者對於 Arduino 相關的書籍，也出版許多書籍，感謝許多有心的讀者提供筆者許多寶貴的意見與建議，筆者群不勝感激，許多讀者希望筆者可以推出更多的教學書籍與產品開發專案書籍給更多想要進入『物聯網』、『工業 4.0 系列』這個未來大趨勢，所有才有這個系列的產生。

　　本系列叢書的特色是一步一步教導大家使用更基礎的東西，來累積各位的基礎能力，讓大家能更在 Maker 自造者運動中，可以拔的頭籌，所以本系列是一個永不結束的系列，只要更多的東西被製造出來，相信筆者會更衷心的希望與各位永遠在這條 Maker 路上與大家同行。

作者介紹

曹永忠 (Yung-Chung Tsao)，目前為自由作家，專注於軟體工程、軟體開發與設計、物件導向程式設計、物聯網系統開發、Arduino 開發、嵌入式系統開發，商品攝影及人像攝影。長期投入資訊系統設計與開發、企業應用系統開發、軟體工程、物聯網系統開發、軟硬體技術整合等領域，並持續發表作品及相關專業著作。

Email:prgbruce@gmail.com

Line ID：dr.brucetsao

作者網站：https://www.cs.pu.edu.tw/~yctsao/

臉書社群(Arduino.Taiwan)：

https://www.facebook.com/groups/Arduino.Taiwan/

Github 網站：https://github.com/brucetsao/

原始碼網址：https://github.com/brucetsao/Industry4

Youtube：https://www.youtube.com/channel/UCcYG2yY_u0m1aotcA4hrRgQ

許智誠 (Chih-Cheng Hsu)，美國加州大學洛杉磯分校(UCLA) 資訊工程系博士，曾任職於美國 IBM 等軟體公司多年，現任教於中央大學資訊管理學系副教授，主要研究為軟體工程、設計流程與自動化、數位教學、雲端裝置、多層式網頁系統、系統整合、金融資料探勘、Python 建置(金融)資料探勘系統。

Email: khsu@mgt.ncu.edu.tw

作者網頁：http://www.mgt.ncu.edu.tw/~khsu/

蔡英德 (Yin-Te Tsai)，國立清華大學資訊科學系博士，靜宜大學資訊傳播工程學系教授，主要研究為演算法設計與分析、生物資訊、軟體開發、視障輔具設計與開發。

Email:yttsai@pu.edu.tw

作者網頁：http://www.csce.pu.edu.tw/people/bio.php?PID=6#personal_writing

附錄

Ameba RTL8195AM 腳位圖

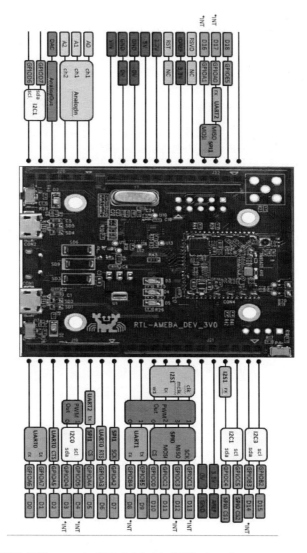

資料來源：Ameba RTL8195AM　官網：http://www.amebaiot.com/boards/

Ameba RTL8195AM 更新韌體按鈕圖

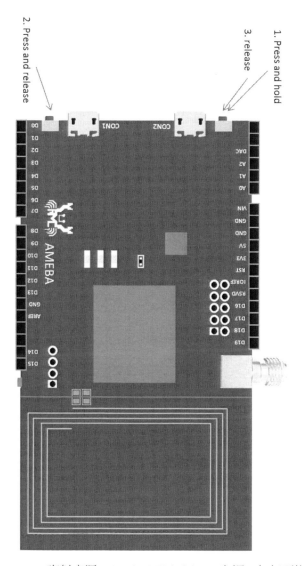

資料來源：Ameba RTL8195AM 官網：如何更換 DAP Firm-
ware?(http://www.amebaiot.com/change-dap-firmware/)

Ameba RTL8195AM 更換 DAP Firmware

請參考如下操作

1. 按住 CON2 旁邊的按鈕不放

2. 按一下 CON1 旁邊的按鈕

3. 放開在第一步按住的按鈕

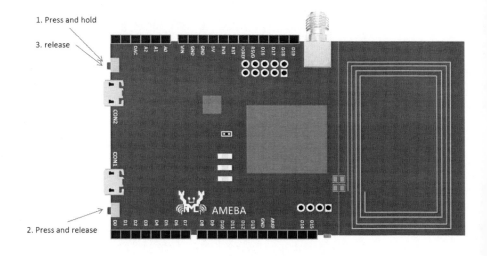

此時會出現一個磁碟槽，上面的標籤為 "CRP DISABLED"

打開這個磁碟，裡面有個檔案 "firmware.bin" ，它是目前這片 Ameba RTL8195AM 使用的 DAP firmware

要更換 firmware，可以先將這個 firmware.bin 備份起來，然後刪掉，再將新的 DAP firmware 用檔案複製的方式放進去

CRP DISABLD (E:)			▾ ↔ Search CRP
New folder			
Name	Date modified	Type	Size
DAP_FW_Ameba_V10_2_2-2M.bin	2016/2/4 上午 10:57	BIN File	32 KB

最後將 USB 重新插拔，新的 firmware 就生效了。

資料來源：Ameba RTL8195AM 官網：如何更換 DAP Firmware?(http://www.amebaiot.com/change-dap-firmware/)

Ameba RTL8195AM 安裝驅動程式

請參考如下操作安裝開發環境：

步驟一：安裝驅動程式(Driver)

首先將 Micro USB 接上 Ameba RTL8195AM，另一端接上電腦:

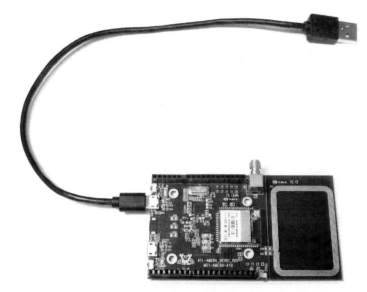

第一次接上 Ameba RTL8195AM 需要安裝 USB 驅動程式，Ameba RTL8195AM 使用標準的 ARM MBED CMSIS DAP driver，你可以在這個地方找到安裝檔及相關說明:

https://developer.mbed.org/handbook/Windows-serial-configuration

在 "Download latest driver" 下載 "mbedWinSerial_16466.exe" 並安裝之後，會在裝置管理員看到 mbed serial port:

步驟二：安裝 Arduino IDE 開發環境

Arduino IDE 在 1.6.5 版之後，支援第三方的硬體，因此我們可以在 Arduino IDE 上開發 Ameba RTL8195AM，並共享 Arduino 上面的範例程式。在 Arduino 官方網站上可以找到下載程式：

https://www.arduino.cc/en/Main/Software

安裝完之後，打開 Arduino IDE，為了讓 Arduino IDE 找到 Ameba 的設定檔，先到 "File" -> "Preferences"

然後在 Additional Boards Manager URLs: 填入：

https://github.com/Ameba8195/Arduino/raw/master/re-
lease/package_realtek.com_ameba_index.json

Arduino IDE 1.6.7 以前的版本在中文環境下會有問題，若您使用 1.6.7 前的版本

請將 "編輯器語言" 從 "中文(台灣)" 改成 English。在 Arduino IDE 1.6.7 版後語系的問題已解決。

填完之後按 OK，然後因為改編輯器語言的關係，我們將 Arduino IDE 關掉之後重開。

接著準備選板子，到 "Tools" -> "Board" -> "Boards Manager"

在 "Boards Manager" 裡，它需要約十幾秒鐘整理所有硬體檔案，如果網路狀況不好可能會等上數分鐘。每當有新的硬體設定，我們需要重開 "Boards Manager"，所以我們等一會兒之後，關掉 "Boards Manager"，然後再打開它，將捲軸往下拉找到 "Realtek Ameba RTL8195AM Boards"，點右邊的 Install，這時候 Arduino IDE 就根據 Ameba 的設定檔開始下載 Ameba RTL8195AM 所需要的檔案：

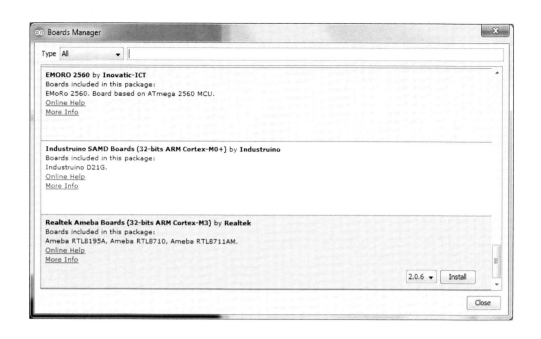

接著將板子選成 Ameba RTL8195AM，選取 "tools" -> "Board" -> "Arduino Ameba"：

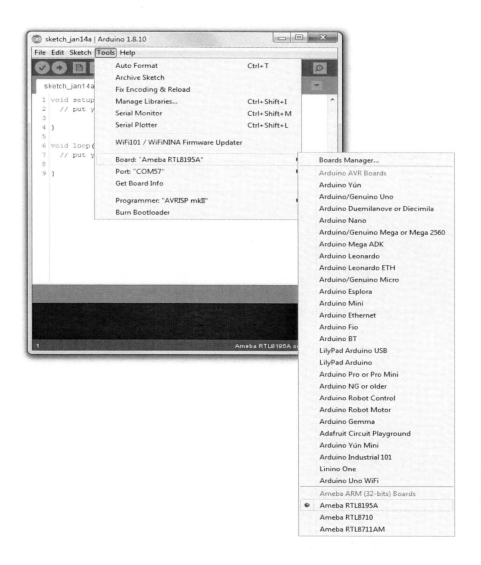

這樣開發環境就設定完成了。

資料來源：Ameba RTL8195AM 官網：Ameba Arduino: Getting Started With

RTL8195(http://www.amebaiot.com/ameba-arduino-getting-started/)

Ameba RTL8195AM 使用多組 UART

Ameba 在開發板上支援的 UART 共 2 組（不包括 Log UART），使用者可以自行選擇要使用的 Pin，請參考下圖。（圖中的序號為 UART 硬體編號）

在 1.0.6 版之後可以同時設定兩組同時收送，在 1.0.5 版之前因為參考 Arduino 的設計，兩組同時間只能有一組收送。

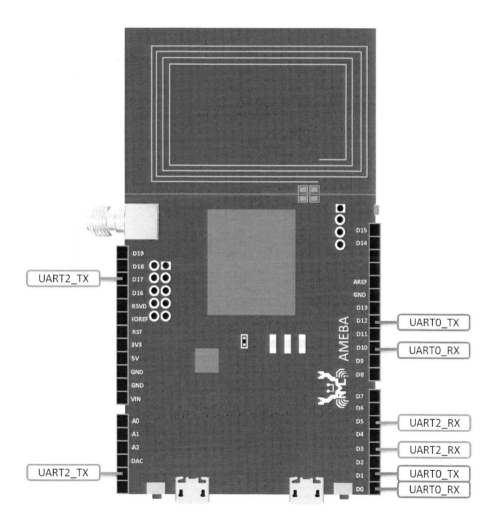

參考程式碼:

```
SoftwareSerial myFirstSerial(0, 1); // RX, TX, using UART0

SoftwareSerial mySecondSerial(3, 17); // RX, TX, using UART2

void setup() {

    myFirstSerial.begin(38400);

    myFirstSerial.println("I am first uart.");

    mySecondSerial.begin(57600);

    myFirstSerial.println("I am second uart.");

    }
```

資料來源：Ameba RTL8195AM 官網：如何使用多組

UART?(http://www.amebaiot.com/use-multiple-uart/_

Ameba RTL8195AM 使用多組 I2C

Ameba 在開發板上支援 3 組 I2C，佔用的 pin 如下圖所示：

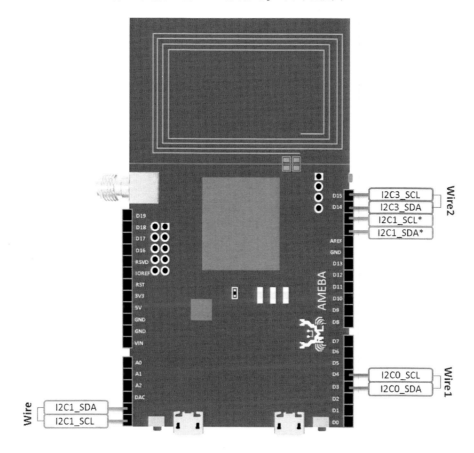

在 1.0.6 版本之後可以使用多組 I2C，請先將 Wire.h 底下定義成需要的數量：

```
#define WIRE_COUNT 1
```

接著就可以使用多組 I2C：

```
void setup() {

    Wire.begin();

    Wire1.begin();

    Wire.requestFrom(8, 6);      // request 6 bytes from slave device #8
```

```
Wire1.requestFrom(4, 6);        // request 6 bytes from slave device #4

}
```

資料來源：Ameba RTL8195AM　官網：如何使用多組 I2C?

(http://www.amebaiot.com/use-multiple-i2c/)

參考文獻

曹永忠. (2016a). AMEBA 透過網路校時 RTC 時鐘模組. *智慧家庭*. Retrieved from http://makerpro.cc/2016/03/using-ameba-to-develop-a-timing-controlling-device-via-internet/

曹永忠. (2016b). AMEBA 透過網路校時 RTC 時鐘模組. Retrieved from http://makerpro.cc/2016/03/using-ameba-to-develop-a-timing-controlling-device-via-internet/

曹永忠. (2016c). 用 RTC 時鐘模組驅動 Ameba 時間功能. Retrieved from http://makerpro.cc/2016/03/drive-ameba-time-function-by-rtc-module/

曹永忠. (2016d). 使用 Ameba 的 WiFi 模組連上網際網路. *智慧家庭*. Retrieved from http://makerpro.cc/2016/03/use-ameba-wifi-model-connect-internet/

曹永忠. (2016e). 使用 Ameba 的 WiFi 模組連上網際網路. Retrieved from http://makerpro.cc/2016/03/use-ameba-wifi-model-connect-internet/

曹永忠. (2017). 工業 4.0 實戰-透過網頁控制繼電器開啟家電. *Circuit Cellar 嵌入式科技*(國際中文版 NO.7), 72-83.

曹永忠, 吳佳駿, 許智誠, & 蔡英德. (2016a). *Ameba 程式設計(基礎篇):Ameba RTL8195AM IOT Programming (Basic Concept & Tricks)* (初版 ed.). 台灣、彰化: 渥瑪數位有限公司.

曹永忠, 吳佳駿, 許智誠, & 蔡英德. (2016b). *Ameba 程序设计(基础篇):Ameba RTL8195AM IOT Programming (Basic Concept & Tricks)* (初版 ed.). 台灣、彰化: 渥瑪數位有限公司.

曹永忠, 吳佳駿, 許智誠, & 蔡英德. (2017a). *Ameba 程式設計(物聯網基礎篇):An Introduction to Internet of Thing by Using Ameba RTL8195AM* (初版 ed.). 台灣、彰化: 渥瑪數位有限公司.

曹永忠, 吳佳駿, 許智誠, & 蔡英德. (2017b). *Ameba 程序设计(物联网基础篇):An Introduction to Internet of Thing by Using Ameba RTL8195AM* (初版 ed.). 台灣、彰化: 渥瑪數位有限公司.

曹永忠, 吳佳駿, 許智誠, & 蔡英德. (2017c). *Arduino 程式設計教學(技*

巧篇):Arduino Programming (Writing Style & Skills) (初版 ed.). 台灣、彰化: 渥瑪數位有限公司.

曹永忠, 許智誠, & 蔡英德. (2014a). *Arduino EM-RFID 门禁管制机设计:Using Arduino to Develop an Entry Access Control Device with EM-RFID Tags.* 台灣、彰化: 渥瑪數位有限公司.

曹永忠, 許智誠, & 蔡英德. (2014b). *Arduino EM-RFID 門禁管制機設計:The Design of an Entry Access Control Device based on EM-RFID Card* (初版 ed.). 台灣、彰化: 渥瑪數位有限公司.

曹永忠, 許智誠, & 蔡英德. (2014c). *Arduino RFID 门禁管制机设计: Using Arduino to Develop an Entry Access Control Device with RFID Tags.* 台灣、彰化: 渥瑪數位有限公司.

曹永忠, 許智誠, & 蔡英德. (2014d). *Arduino RFID 門禁管制機設計: The Design of an Entry Access Control Device based on RFID Technology* (初版 ed.). 台灣、彰化: 渥瑪數位有限公司.

曹永忠, 許智誠, & 蔡英德. (2015a). *Ameba 空气粒子感测装置设计与开发(MQTT 篇):Using Ameba to Develop a PM 2.5 Monitoring Device to MQTT* (初版 ed.). 台灣、彰化: 渥瑪數位有限公司.

曹永忠, 許智誠, & 蔡英德. (2015b). *Ameba 空氣粒子感測裝置設計與開發(MQTT 篇)):Using Ameba to Develop a PM 2.5 Monitoring Device to MQTT* (初版 ed.). 台灣、彰化: 渥瑪數位有限公司.

曹永忠, 郭晉魁, 吳佳駿, 許智誠, & 蔡英德. (2017). *Arduino 程序设计教学(技巧篇):Arduino Programming (Writing Style & Skills)* (初版 ed.). 台灣、彰化: 渥瑪數位有限公司.

維基百科 - 繼電器. (2013). 繼電器. Retrieved from https://zh.wikipedia.org/wiki/%E7%BB%A7%E7%94%B5%E5%99%A8

工業基本控制程式設計
(RS485 串列埠篇)

An Introduction to Using RS485 to Control the Relay
Device based on Internet of Thing (Industry 4.0 Series)

作　　者：曹永忠、許智誠、蔡英德

發 行 人：黃振庭

出 版 者：崧燁文化事業有限公司

發 行 者：崧燁文化事業有限公司

E-mail：sonbookservice@gmail.com

粉 絲 頁：https://www.facebook.com/
　　　　　sonbookss/

網　　址：https://sonbook.net/

地　　址：台北市中正區重慶南路一段六十一號八
　　　　　樓 815 室

Rm. 815, 8F., No.61, Sec. 1, Chongqing S. Rd.,
Zhongzheng Dist., Taipei City 100, Taiwan

電　　話：(02) 2370-3310

傳　　真：(02) 2388-1990

印　　刷：京峯彩色印刷有限公司（京峰數位）

律師顧問：廣華律師事務所 張珮琦律師

定　　價：360 元

發行日期：2022 年 03 月第一版

◎本書以 POD 印製

國家圖書館出版品預行編目資料

工業基本控制程式設計 . RS485
串列埠篇 = An introduction to
using RS485 to control the relay
device based on internet of
thing(industry 4.0 series) / 曹永
忠 , 許智誠 , 蔡英德著 . -- 第一版 .
-- 臺北市：崧燁文化事業有限公司 ,
2022.03
　面； 公分
POD 版
ISBN 978-626-332-089-5(平裝)
1.CST: 自動控制 2.CST: 電腦程式
設計
448.9029　　111001407

官網

臉書